再住20年

老屋再生
裝潢計畫書

CONTENTS

使用說明

　　本書針對擁有老屋的屋主量身打造，從考量修繕成本開始，整修老化問題、善用優勢到完工搬家，全程必須面臨到的事件，歸納出7個計劃。並整理出每個計劃的重點細節、施工、費用等Know how，解決所有老屋屋主遇到的困難。

Project計劃

全書總共包含7個計劃項目，將裝潢過程中，老屋屋主最迫切需要了解的事件以計劃書概念呈現。

職人應援團出馬

全書總計邀請10位室內設計師、家事達人、不動產業者、小資老屋屋主等各種領域的專家職人，傳授在每個計劃要注意的關鍵重點。

流程概念圖

依序列出各項計畫中必須要完成的事件，一眼就能通盤瞭解整個計畫要執行的內容。

重點Check List

告訴你在裝修流程中最需要注意的關鍵重點，謹慎小心不遺漏。

常見糾紛Q&A
提出裝修流程中最容易產生的糾紛，
並整理出設計師、廠商的專業解答，
小心避開裝潢陷阱。

裝修名詞小百科
公開設計師、工班的專業術語，讓屋
主聽懂行話，順利掌握裝潢過程。

再住 20 年，老屋再生

3 書籍可交給二手書店或慈善團體

4 聯絡中古商收購

Q. 把櫃子當箱子用，結果玻璃門片被撞壞？！

常見糾紛 Q&A

Point 02 二手物品處理

1 洽各縣市環保局、清潔隊回收

2 委託居家公司代為清運

裝修名詞小百科

指衣箱

老屋裝修費用的基本行情，
心裡要有個底，
不只裝潢成本要固守，
也要考量房價有無增值的可能性

老屋首先一定要做的基礎工程就是全室換水電，
然而更換水電，就不得不會動到泥作工程，裝潢費一定拉高，
30 坪的房子，至少要粗估準備 150 萬以上的金額。

但是，問題來了，
倘若原本你的老屋本身位於增值性不高，又想 5 年、10 年後換房，
花了 150 萬，只住了 5 年，再加上房價又沒增值到超過 150 萬，
一旦賣出，也等同於沒賺回你的裝潢費。

因此，在裝修前，最好仔細緊守裝潢費成本，
依照個人需求，以達到最高的 CP 值
但如果打算往後 20 年都自住，房價增不增值，也就不需列入考量了

Project

1 精省 裝潢成本

把錢花在刀口上！ 精算裝潢費和房價

房子住了 10、20 年，人也從小孩變成大人，房屋出現老化、結構的問題，家庭成員也有所變化。隨著現今房價日益爬升，許多正住在老房子裡的人正面臨到困難的抉擇，要老屋重新翻新、等待都更，亦或是直接買新房的考量。不論是哪一項，都需要考量房價和裝潢費用的成本，該如何精算成本不吃虧，將在此章介紹。

項目		Part 1 評估居住需求		Part 2 老屋裝修費用花多少
施作內容	1	**評估居住環境和自身需求。**依照家庭成員的組成、居住環境的品質和機能，與自身的需求是否相符，藉此考量老屋的居住時間長短，並思考未來有無換屋的打算。	1	**基礎工程一定要做。**所謂基礎工程是指拆除、更換老化水電管線等，這樣安全才有保障。
	2	**有無都更的考量。**客觀評估自身老屋的都更條件，並藉此考量未來都更的可能性，評估居住的時間和所有權持有年限。	2	**泥作很花錢，能不動隔間最好。**除非有格局上的需要，否則建議不要更動隔間，泥作工程的花費是很貴的。
	3	**都更期待別太高。**都更的流程、協商的時間會很冗長，建議不要抱持高度的期待。	3	**現有傢具取代木作。**木作費用在裝潢成本裡的比例也佔據很高，因此預算不高，建議去掉木作費用最實在。
可能花費	自辦都更	可能會有申請的費用、信託費、建築興建費等。	整體裝潢費	僅完成基礎工程，一坪約 NT.5 ～ 6 萬元起跳。
			門窗費	依產品等級而定，全室更換約 NT.5 ～ 8 萬元。
			設備費	包含冷氣、廚具、抽風扇等，價格依品牌而定。

職人應援團

住商不動產企畫研究室
主任暨發言人 徐佳馨

老屋都更別過多期待

都更的議題往往會持續 10 年以上，不僅是行政申請流程複雜，且都更區內的住戶需經過冗長的協商，而且若房子本身位於巷弄，非鄰近馬路的話，都更機率就更不高，因此對於自己老房子的都更機會，不要抱太大的期望。

孫國斌空間設計
孫國斌

選擇相對保值地段的老屋

若想擁有具保值性的老屋，建議可選擇各縣市的精華區。以台北市而言，就是中正區、大安區、信義區。若從出租投資的角度來看，只要租金能負擔得起前 5 年的房貸利率，就可以投資。

▶ Part 3 考量房價和裝潢成本

1 **先評估老屋價值。**依照投資角度判斷老屋房價增值的可能性，同時所在區段也是判斷的主要因素。

2 **房價和裝潢費的比例要平衡。**考量新、舊屋的價差，並參考實價登錄老屋賣出的可能行情，去估算最經濟的裝潢費用。

| 舊屋房價 | 依區段而定。新屋房價打 8 折後，約是舊屋的行情價。 |
| 考量成本公式 | 已有老屋的狀況下：老屋購入價格＋裝潢費，需小於老屋現今行情價 |

Check List

☑ **考量重點**

評估居住需求

☐ 家庭成員的組成和年齡。老年人不適合爬樓梯，幼兒需考量學區問題。
☐ 周遭環境的生活機能性是否便利。
☐ 本身屋況條件是否過於老舊不堪。
☐ 房屋本身具有都更條件。
☐ 住戶和店家的都更意願是否高昂。

瞭解老屋裝潢成本

☐ 記得預留監工費和設計費。
☐ 拆除、換管線是基本費用，不可省。

推估成本和房價

☐ 以實價登錄推測老屋價值。
☐ 老屋裝潢費用不可高於老屋房價。
☐ 以租金報酬率評估老屋租金和裝潢費用。

Part 1　評估居住需求

房價居高不下，不少年輕人可能難以負擔，轉而尋向中古屋或是家中父母留下的老房子，但往往都會擔心一旦整修，原本屋齡已高的老屋，住了 10 年後，是否還能轉手賣出。因此，決定是否裝修前，先評估自身的居住需求，決定是否要做裝潢，進而控管裝潢費用的多寡，讓裝修達到最高的 CP 值。

Point 01
評估未來
生活需求

1 先考量住多久

新完工的捷運宅坪數雖小，但卻能省下一筆裝潢費用；如果是位於郊區的老屋，30 年以上的老公寓公設低坪數大，未來還可以等待都更機會。如果預算只夠買這兩種房子的話，該買哪種比較好？與其比較房子大小，不如先問問自己想住多久？

如果未來 5、10 年內有換房的打算，建議在裝修之前先考慮房子要如何才好脫手。然而老屋的「屋齡」和「所在區域」，就成為最主要的考量因素。屋齡越大，建物價值則會逐年下降，可能就越難在市場競爭。

如果打算要住到 10 年以上，建議先不用考慮賣房換屋，第一步需先考量大概要花多少錢投注在裝潢上，完整改善老屋體質。

2 屋齡越高，越不適合居住

一般來說，5 年以下為新成屋，5～20 年為中古屋，20 年以上為老屋。基本上，屋齡在 55 年以內的房子都在適合居住的範圍內，但要注意的是，需要留意房屋的防震係數，是連棟還是獨棟，是否有因鄰損而造成結構問題等，如果結構被破壞，當然就不用考慮了。

1

1 屋齡越大，越要慎重考慮未來是要繼續自住或直接脫手賣出。

3 觀察是否具有良好的生活機能

家庭成員的組成、年齡，以及老屋周遭環境會成為考量居住時間的長久，建議綜觀老屋周遭的機能是否符合自己的需求。

A 交通條件

通常老公寓沒有停車位，因此有便捷的交通條件，能讓通勤更為方便，尤其以鄰近捷運站的區域最為吃香。建議先衡量老屋四周的交通狀況，出入是否方便。

B 小孩學區需求

若本身有學齡前的小孩，就必須考量未來 10 年要就讀的學區，是否有國中、小學，有些新手媽媽甚至有臨時托育的需求，因此周遭還需要有托兒所、幼稚園的設施。

C 通勤時間長短

通勤的費用和時間常在無形中會消耗家庭支出和個人的時間，若是公司離住家近，不僅能縮短返家和接送小孩的時間，外出購物、買菜也不會花費太多時間。

D 避開危險設施

有些老屋位於出入份子較複雜的區域，若附近有聲色場所或治安較差，可能就盡量不考慮居住太久。另外，要注意附近是否有高壓電塔、廟宇、重污染工業區或其他嫌惡設施，這些都有可能會影響居住時間的長短。

E 考量有無噪音

住家附近若有夜市、消防局等，直到深夜可能都還會有嘈雜的聲音，就可能影響睡眠品質。另外，若是在高鐵、機場或快速道路附近，雖然交通方便，但運輸工具所發出的聲音，可會讓人疲憊不堪，因此也要考量自己是否能忍受大量的噪音。

2 周遭有機場或快速道路，雖然方便，但也要考量是否能忍受噪音的污染。

<table>
<tr><td rowspan="7">環境評估 Check List</td><td>☐ **捷運、公車等大眾運輸車站**</td><td>考量住家與大眾運輸的遠近，方便縮短日後上學、上班的通勤時間。</td></tr>
<tr><td>☐ **傳統市場或超市**</td><td>滿足食品、生活用品的採買。</td></tr>
<tr><td>☐ **國中小學校或幼稚園、托兒所**</td><td>對於有小孩的家庭，要考量鄰近學區的遠近。若是臨時有托兒需要，也能就近托育。</td></tr>
<tr><td>☐ **醫院或藥局**</td><td>考量鄰近是否有醫療設施，尤其家中有長輩或幼兒，更需要考慮就醫的便利性。</td></tr>
<tr><td>☐ **24 小時營業便利商店**</td><td>24 小時營業的便利商店，對於夜間臨時有購物需求的人來說十分方便。</td></tr>
<tr><td>☐ **銀行或郵局等金融設施**</td><td>方便日後有財務處理的需要。</td></tr>
<tr><td>☐ **嫌惡設施**</td><td>觀察附近是否有高壓電塔經過。挑選土地時，也應注意是否位於雞舍、牧場的下風處，避開不良的氣味。若鄰近快速道路、鐵路、飛機場則會有噪音的問題，也應避免。</td></tr>
</table>

4 衡量老屋屋況

老屋的屋況是否良好，也是考量是否準備裝修的因素，以及可居住的年限和安全。包含建物結構、建材、樓層、座向等都需要仔細評估。

A 外觀建材要完整

結構是否安全、樑柱有沒有裂縫、外觀磁磚有無脫落？若發現鋼筋裸露、水泥剝損、鋁門窗變形或門窗框有明顯裂痕的，這時就要懷疑可能是因地震後結構有受損。

圖片提供 © 相即設計

B 座向樓高條件要好

座向影響採光通風，即便內部格局不佳，只要先天條件優良，還是有辦法改善的。因此要注意是否有充足的日照，通風是否良好。

1 通風、採光和房屋座向有關，可利用格局改善，強化先天的優勢。

若老屋本身條件仍維持得當，少有漏水、壁癌問題，且格局良好，有充足的通風和採光。若結構穩固，相信在裝修上，不需要大動格局，只需要基礎工程的整修，可能還能多住 10 年。

若屋況條件很差，常有漏水，且樑柱有裂痕、地面傾斜等情形，在日後的裝修工程就必須解決這些問題才能達到舒適的居住環境，因此可能花費不貲，建議可先評量老屋條件。

5 思考老屋保值性

除了考量建物本身的條件外，也要考慮本身的保值性。保值性取決於老屋座落的區域、屋齡、環境等，一般來說，住戶單純、社區管理完善的環境，是大家都喜歡的優質老屋，其中尤以戶數越少、樓層數越低與住戶遷出率低者為佳；且地段位於安靜的住宅區，且非住商混合、商業色彩高的地段，通常是一般人考量的重點因素。

老屋優缺點比較

	優點	缺點
房價	1 價格比預售屋及新成屋實惠。	1 超過 20 年老屋屋齡老舊、維修成本較高。
產權區分	2 風險低、產權清楚、屋況可視查。	2 不能像預售屋一樣指定戶別訂購。
裝修	3 若屋齡在 15 年以下，只需局部裝修即可使用。	3 從簽約到交屋的時間較預售屋短，現有資金需求度高，自備款也最高。
環境	4 房地產飆漲時，成屋漲價反應較慢。	4 部分老屋所在環境為老舊社區或住商環境混合區，居家安寧與安全需特別注意。
住戶管理	5 可事先瞭解附近居住環境及鄰居素質。	5 可能沒有管理委員會，一切自己來。
公設	6 若為舊公寓，公設比偏低，坪數很實在。	6 小心違建坪數，像是前後陽台外推、天井加蓋、頂樓加蓋等，必須賣方提出證明。

Point 02

**老屋有無
都更的機會**

1 期待都更前，先考量條件是否達標

目前政府正積極推動都市更新計畫，不少擁有老屋的人都期待都更後能獲得的巨大利益，但是並非所有老屋都有機會可以都更，以下將列出可以參與都更的基本條件。

A 被劃定在「都市更新地區」之內

只要老公寓的所在地被劃分在「都市更新地區」或「都市更新單位」，就能進行都市更新。若是想要查詢自己的房子是否已經劃入更新地區或單位，可至各縣市的「都市更新處」網站查詢。
以台北市為例：

Step 1：至「台北市都市更新處」網站 http://www.uro.taipei.gov.tw/

點入「便民服務」

Step 2：點入「更新地區範圍」

點入「更新地區範圍」

Step 3：即可看到公告的更新區域

B 環境條件許可

若有意參與都更，只要符合以下其中 3 項條件，也可以提出申請。

1 非防火建築物棟數比例，達二分之一以上。
2 現有的巷道狹小，寬度小於 6 米，長度佔現有巷道總長二分之一以上。
3 土磚、木、磚及石造建築物，20 年以上加強磚造及鋼鐵造、30 年以上鋼筋混凝土及預鑄混凝土造、40 年以上鋼骨混凝土建築，以上建築物合計面積，達總面積二分之一以上。
4 建築物的基礎下陷、主要樑柱、牆壁及樓板等腐朽破損或變形，達二分之一以上，有公共安全危險者。
5 建築物地面層土地使用現況，不符現行都市計畫分區使用樓地板面積，達二分之一以上。
6 距離捷運站 200 公尺內。
7 建築物沒有化糞池或沖洗式廁所排水，生活雜排水均未經處理而直接排放者，達二分之一以上。
8 4 層以上合法建物棟數，達更新單元三分之一以上，半數以上沒有電梯，而且法定停車位數低於戶數者。
9 耐震設計標準不符內政部 78 年 5 月 5 日修正規定的建物棟數，達二分之一以上者。
10 穿越更新單元內，且未供公共通行計畫道路面積比例，達二分之一以上。
11 現有建蔽率大於法定建蔽率，而且容積率低於法定容積率一半。
12 平均每戶居住樓地板面積，低於北市每戶居住樓地板面積平均水準二分之一以下者。
13 附近有內政部、市政府指定的歷史建築物及街區、都市計畫劃定保存區。
14 更新單元達 907.5 坪以上或完整街廓，而且超過十分之三土地及合法建物所有權人同意。

C 需達 2/3 的土地及合法建物所有權人同意

都更並非一人同意可成，必須要有 2/3 以上的土地和合法建物所有權人同意，以及所有土地總面積及合法建築物總樓地板面積均超過 3/4 人同意。

2 都更流程繁複冗長

除了在都市更新劃定的區域可申請之外，也可以自行申辦都更，但必須要符合都更的申請條件，若土地面積不足，可和鄰近土地及合法建物的所有權人合組更新單位，向政府申請都更劃定。

都市更新單元的劃定，必須先簽訂都市更新委託書、提供都更事業概要同意書，居民擬定房屋重建的「都市更新事業計畫」，申請審查通過後，即可開始執行政府通過的「都市更新事業計畫」。一般來說，光是要經

都更行政審查程序

更新概要公聽會

▽

更新概要申請

▽

更新概要審查

▽

事業概要核准

▽

事業計畫公聽會

▽

事業計畫申請

▽

公展15天

▽

都市更新及都市設計
聯席專案小組審議

▽

都社大會審議

▽

都更大會審議

▽

事業計畫核定

過前端的公聽會、都更事業概要等流程，就可能需花費 2～3 年的時間，更遑論還有住戶協商的困難，都會讓都更的時間拉得更長。

3 等待「都更」商機的時間成本高

都更是一條漫漫長路，在與住戶、建商協商的過程會經歷許多波折，最少也要 10 年以上才有可能協調完畢。屆時，老公寓的價值也早已折舊完了，若最後協商未成，都更夢碎，想要再轉手、修繕，都必須要花更多的費用或是根本無法脫手。

因此，若要等待都更商機，必須考量個人的時間成本是否划得來。若是自家居住的老房子，在等待都更的期間，可能要在裡面忍受逐漸老化、漏水等問題。

4 自辦都更費用高

若是居民共同自行辦理都更，在流程中會產生許多費用，這些都必須居民自掏腰包，像是事前在申辦時，必須要付出都市更新申請辦理費、建築及

結構設計費、鑑價費、信託及管理費等等。即便通過了都更計畫，建造時期中的搬家、房租、建築興建費等，種種費用因金額龐大，並非所有住戶都有能力負擔，因此往往需要有信譽、有財力的建商或銀行等專業機構協助辦理。

自行負擔都更費用

申請辦理費用

信託費

設計費

鑑價費

建築費

建造時的租屋費

5 評估所在區域是否可能都更

這裡主要針對已有建商前來接洽合建的情況來談。一般來說，有機會都更的區域，前後會有不少建商前來洽談，但是每個建商所提出的條件不一定能滿足所有居民，因此建商會先向居民召開說明會，此時可以觀察出席者的比例、年齡層，來研判是否有都更的機率。

若說明會的出席率越高，居住成員都為青壯年，在住戶協商上來說，可能成功的機率比較大。因為青壯年未來居住的時間較長，有時間可以等待，再加上也較有意願和期待房子更新。

若居住成員的年齡層較年長，且出席率低，表示建商所提出的條件並不吸引住戶，再加上老年人住久了，對房子都有感情，因此對於重建的期待並不高。

人數很少，老年人又多，都更機率相對不高。

1 建商和住戶合建的都更案中，可從說明會觀察是否有機會都更成功。

6 評估一樓店面和頂加住戶是否願意

一般在都更中，最需要協商的對象通常是一樓的店家和頂樓加蓋的住戶。這是因為當年興建老舊住宅時，多半是將基地蓋到滿，沒有留下太多空地，店面坪數大。一旦要進行都市更新時，就必須符合新的容積率、建蔽率規定，換回的店面坪數大多會比原本的還要少，因此造成店面屋主更新的意願大大降低，收益越高的店家，越無機會考慮都更。

另外，頂樓加蓋的住戶多半也是類似情形。舉例來說，原本樓層的實際坪數 40 坪，再加上頂加坪數 20 坪，總共有 60 坪的居住空間。但都更後，不能將頂加違建的坪數考慮進去，因此往往換回的坪數都會比現有的居住空間還要小。通常建商的處理方式是增加金額補貼，但多數住戶要的是坪數，因此都更意願往往不高。

因此，若想考量都更的成功性，還需考慮一樓店面和頂加住戶數量的多寡，數量越多，都更成功的機率越低。

7 租賃補貼金額無法獲得共識

這多半發生在出租店家的屋主上。一旦都更通過，開始建造時，這些搬離的店家和住戶，往往有住在哪裡的困擾，對於住戶而言，這個問題比較好解決，依照一般的租金行情給予補貼即可。但是店家就不同了，若建造時間為兩年，這兩年內無法營業，不但沒有租金的收入，未來新的店面開啟，不一定能夠真的租得出去。因此越賺錢的店面屋主，願意同意的機率相較而言也比較低。

8 位於 6 公尺以上大馬路旁的老屋，都更機率高

以往老房子都是沿基地蓋滿，但基於建築線的規定，新屋必須退縮留出空間，再加上每棟建築會有「高度比」的問題。所謂高度比，就是建築物各部分高度與自各該部分起量至面前道路對側道路境界線之最小水平距離之比。如果基地面前道路寬度越小，未來建築物可開發高度越少，建商獲得的獎勵容積會用不完，無法達到最大的效益。因此，大多數建商會比較喜歡至少有一側臨大馬路旁的老屋，對他們的獲利較大，若本身老屋是位於小巷弄，就不建議等待都更了。

1

道路寬 6 公尺

1 位於 6 公尺寬馬路旁的老屋，比較容易獲得建商進行都更的青睞。

常見糾紛 Q & A

Q. 都更合建蓋到一半，建商倒了怎麼辦？！

我們社區的都更委託給一家小型建商，但害怕建商會資金周轉不靈，最後蓋房蓋到一半，建商就倒閉了，事前該如何保障我的權益？

A. 以「合建信託」的方式，保障雙方權益。

目前都更會採取信託的方式，避免地主和建商雙方中有任何一方有產權糾紛或是倒閉的問題，有效降低風險。合建信託的機制為：地主將不動產所有權信託給銀行，建商將蓋房的營建資金信託的銀行，透過第三方的銀行，分別將權利和資金交給對方。即便建商倒閉，資金也早已交給銀行信託了，因此也不怕之後沒有資金挹注。

裝修名詞 小百科

建蔽率

為建築基地之水平投影面積。意思為建築面積占基地面積之比例。

容積率

為基地內建築物總地板面積與基地面積之比。

容積率：
基地面積 × 容積率＝總樓層面積
若土地為 100 坪，容積率為 240%
100×240%＝ 240
在 100 坪的土地上，
總樓層的坪數可蓋到 240 坪。

建蔽率：
基地面積 × 建蔽率＝建築面積
若土地為 100 坪，建蔽率為 60%
100×60%＝ 60
在 100 坪的土地上，
有 60 坪的建築面積。

Part 2　老屋裝修費用花多少

老公寓由於屋齡較高，所以房價較為便宜，但相對的，房屋本身的結構、屋況也因時間的久遠，通常已存在著一些問題需要解決，且這關係著居住品質與生活安全，如漏水、壁癌、管線老舊等；再加上 20 多年前的建築設計，格局也不見得符合現代人居住，原有的裝潢建材與傢具也不合時宜，當然就必須再支出一裝修費用。關於裝修費用如何評估？本章將有詳細地介紹。

1 基礎工程不可省

由於老屋屋齡從 20 ～ 40 年以上都有，維護住的安全是首要重點，因此氣密、隔音效果不佳的鋁窗，建議最好全部更新，而舊式的空間格局也多造成狹窄幽暗的情況，將老舊隔間全部拆除，改善採光通風以及動線格局，都是很常見的。

另外，老屋的水電管線全面更新也是不可避免的，老舊水管容易有生鏽、阻塞、漏水的問題，電線也不一定能負荷新式家電的用電量，這筆裝修費用建議不可省略。因此老屋的裝修預算，重點須放在泥作與水電等基礎工程，至於預算壓縮到的收納木作費用，可以用系統傢具或現成傢具取代。

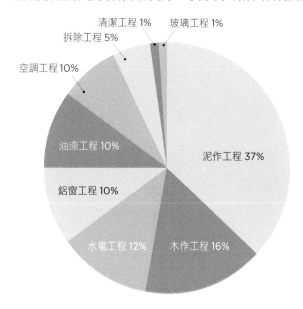

清潔工程 1%　玻璃工程 1%
拆除工程 5%
空調工程 10%
油漆工程 10%
鋁窗工程 10%
水電工程 12%
木作工程 16%
泥作工程 37%

2 必做的裝修項目

一般的裝修花費不外乎拆除、保護、泥作、水電、木工、油漆、鋁窗、大門、鐵工、冷氣、地板、廚具、衛浴、磁磚、燈具、窗簾、傢具、清潔等18項工程，這些工程大都屬於基礎工程，尤其是超過20年的老屋，這些材質多半已不堪使用，建議一定要全部更換。當然若有找設計師協助規劃，設計費及監工費也是必要花費。

	工項	要更換	可保留
老屋施工項目	原水電管線	✔	
	消防偵煙器	✔	
	空調配管配線	✔	
	空調主機	✔	
	隔間	✔	
	磁磚	✔	
	木作櫃（或系統櫃）		✔（可換門板翻新，或改以系統櫃）
	原木作天花板	✔（拆除後可不重做）	
	廚具	✔	
	鋁（鐵）門窗	✔	
	衛浴設備	✔	
	木地板	✔	
	原門框、門片		✔（可重新貼皮、上漆翻新）
	燈具	✔	
	牆面油漆或貼壁紙	✔	
	窗簾		✔
	外門鎖	✔	

3 捉好預算裝修沒煩惱

以 30 坪房子裝修預算為例：隔間門牆、鐵窗等拆除清運大約 NT.2 萬，水電管線配置約需 NT.3 ～ 5 萬，更新磁磚 NT.8 ～ 12 萬、木作 NT.30 ～ 35 萬、油漆約 NT.4 萬；加上玻璃鋁窗以及木地板各 NT.10 萬、廚具訂作 NT.8 ～ 15 萬，窗簾 NT.1 ～ 3 萬。籠統推算，以屋子的坪數乘以 NT.2 ～ 3 萬元之間，差不多就是應準備的基本工程款了。若是預算拉到每坪 NT.5 萬元左右，除了前述的基本裝修項目，更可以進行大幅度的空間改造，增加客餐廳、臥室書房等的內部機能的強化，以及整體空間美感的提升。

4 預留監工費和設計費

基本上，以包含設計費、地板、天花板、油漆、木作、清潔、水電管路的材料與施工費用等來計算，20 年以上每坪裝修費約 NT.50,000 元起，就可以擁有一戶舒適的住家空間。另外，也有設計師建議在舊屋的裝潢預算上，可以房價的 20% 來估算。

而除了工程費用之外，還得抓設計師的設計與監工費，通常依資歷和信譽而有所差異。一般設計費每坪從 NT.5,000 ～ 10,000 元不等。另外還有監工費，有以坪計價，也有依總工程款的百分比計算。在整體預算的比例上，設計費約為總工程款的 5% 至 20%，監工費則是 3% ～ 10% 之間。

1 討論裝潢費用時，除了設計費之外，若還請設計師監工，還要另外支付監工費。

攝影 ©Amily

Point 02 掌握裝修行情

1 拆除工程

拆除是所有裝修工程的基礎，拆除項目泛指室內外的天、地、壁、櫃等。老屋必須視老舊破損程度，決定要拆除的範圍。值得注意的是，不少老屋的老舊櫥櫃後方，隱藏漏水或蟲害等問題，若不拆除乾淨，很難在當下發現徹底解決。

項目	價格
拆除	拆除一面隔間牆的費用，要視結構及面積大小而定，一般來說拆磚牆隔間行情約 NT. 3,500 元／坪。
清運	視清除廢棄物的方式及量體多寡而定，一車大約從 NT.2,000 ～ 5,000 元不等。

※ 以上表列為參考數值，實際情況依各別案例狀況有所調整。

2 水電工程

水電工程是居住民生大計，除了供應日常生活所需，因為埋在牆體中非舉目可見，以致很多屋主容易忽略這項預算。老屋一定要全面將所有管線汰舊換新，這也是造成老屋翻修水電工程預算偏高的主因，不只要把舊電線抽換，同時進行配電盤重置，新增迴路、插座，以符合新格局的不同用電需求外，冷熱水管、瓦斯管及污水管，也要一併更新。

項目	價格
冷熱給水新增或位移、配管	每組約 NT.5,000 ～ 5,800 元
排水新增或位移、配管	每組約 NT.1,800 ～ 2,200 元
開關插座新增或位移、配管	每口約 NT.900 ～ 2,000 元
電視、網路出口線（至來源端配線）	每口約 NT.1,300 ～ 2,800 元
燈具迴路及開關新增或位移	每迴約 NT.1,800 ～ 2,200 元
衛浴安裝（不含設備）	每間約 NT.5,000 ～ 5,800 元，主要為馬桶、浴缸、洗臉盆、龍頭、毛巾桿、化妝鏡、檯面等 8 件設備的安裝
其它零件配件安裝	每個約 NT.250 ～ 300 元

※ 以上表列為參考數值，實際情況依各別案例狀況有所調整。

3 泥作工程

泥作工程是房子的保護工程，大致可分成基礎泥作及泥作鋪磚工程，基礎泥作為水電管線完成面覆蓋，廁所、陽台磁磚打底、防水、修補、貼磚等，隔間位置完成後，進行地面磁磚的鋪設，完成後需作保護，防止異物墜落毀損。老屋在泥作工項則是無可避免會佔大筆預算，因為泥作工程與水電工程息息相關，一旦動到水電，就有完成面的泥作覆蓋，或是常見的漏水問題，也大多由外牆滲水進來，因此修補牆體的泥作費用便跟著增加。

項目	價格
砌磚到牆面粗底粉光	通常為一體成形的工項，多以坪數計價，約從 NT.5,000 ～ 8,000 元／坪不等。
防水	防水工程大多用在衛浴或陽台的泥作工程裡，一般施作一米以上、兩層以上為基礎，依高度、層數而定。工資包含材料錢，以坪數計價約 NT.1,000 ～ 1,500 元／坪。
貼磚	貼磚費用依不同磁磚大小、不同工法、不同材料價格而有差異。多半連工帶料計算。像是 60×60cm 拋光石英磚 NT.2,500 ～ 10,000 元／坪、馬賽克磚 NT.3,600 ～ 11,000 元／坪。

※ 以上表列為參考數值，實際情況依各別案例狀況有所調整。

4 鋁窗工程

鋁窗工程放在前期施工階段，是為了保護後續進場的水電、泥作、木作等設備。當窗框先架設好後，接著由泥作接手，填補窗框與牆體之間的縫隙，以做好妥善的窗台防水工程。老舊鋁窗常有氣密、隔音、防水不佳的問題，所以建議屋齡超過 15 年以上，鋁窗從未更換過的房子，一定要換鋁窗。

窗戶類型	國產	進口
氣密窗	約 NT.200 ～ 500 元／才	約 NT.2,000 元以上／才
隔音窗	約 NT.500 ～ 1500 元／才	約 NT.2,000 元以上／才

※ 實際價格依不同窗框材質、玻璃厚度、特殊開法、安全鎖點等配備，及不同廠商報價而有所差異。

5 木作工程

木作工程是進入裝修階段的開始，施工範圍包括天花板、櫃體、隔間等。老屋則在基礎工程前段已經花掉大部分預算，因此可用在木作上的花費，相對減少許多，建議收納櫃不足的部分，可以用現成傢具或系統櫃取代，天花板選擇做局部天花板，甚至不做天花板以噴漆美化即可，以節省硬體工程上的預算。

1 木作櫃和系統櫃可同時交互搭配使用，藉此節省裝潢費用。

木作工程費用

項目	價格
木作天花板	依使用材質、施工細緻度與造型難易度、工班工時而調整。平面天花板約 NT.3,000 ～ 4,500 元／坪，造型天花板因有更大的變化空間，約從 NT.4,000 元～ 10,000 元／坪。
木作隔間	牽涉到表面材料材質差異，裡面塞隔音棉與否影響價格高低，常用的板材有矽酸鈣板、木心板、夾板等。約為 NT.1,000 元～ 2,000 元／尺不等。
木作櫃	分為高櫃與矮櫃兩種，高度 120 ～ 240cm 稱高櫃，高度 90 ～ 120cm 稱為中櫃，高度 90cm 以下稱矮櫃。一般依照面寬的尺數來計價，也會依櫃體厚度、材質、開門方式等而有不同價格。高櫃約 NT.5,000 元～ 8,000 元／尺，中櫃約 NT.3,000 ～ 6,000 元／尺，矮櫃約 NT.2,000 ～ 3,000 元／尺。

木作天花板費用

天花板材質	費用	適用空間
PVC 天花板	約 NT.3,500 元／坪	適合所有空間
木作平釘天花板	約 NT.3,500 元／坪	除了浴室以外，其他空間都適合
木作造型天花板	約 NT.7,000 元／坪	除了浴室以外，其他空間都適合
杉木天花板	約 NT.4,500 元／坪	除了浴室以外，其他空間都適合
矽酸鈣板平釘天花板	約 NT.2,800 元／坪（不含油漆）	適合潮濕的廚房及衛浴空間
矽酸鈣板造型天花板	約 NT.3,800 元／坪（不含油漆）	適合潮濕的廚房及衛浴空間

※ 註：以上表列為參考數值，實際情況依各別案例狀況有所調整。

6 油漆工程

油漆屬於裝飾工程，要等到所有工程都完成後才能進場，一般油漆工程包含天花板、壁面及木作櫃面。老屋是從頭開始全部整修，因此牆面基本的油漆費用無可避免。

項目	價格
牆面油漆	價格會依水泥漆、乳膠漆、環保漆，或品牌不同、施工工序的繁複程度而有差別，多以「一底三度」來施作，連工帶料一坪約 NT.900 元～ 1,200 元左右。
木作上漆	底漆塗的次數愈多，表面愈細緻，相對提高表面質感，工法上可分為半粗面及全光滑面。以施作櫃門片 200×50mm 為例，自然面約 NT.900 元／片，全光滑面約 NT.1,100 ～ 1,300 元／片。

※ 以上表列為參考數值，實際情況依各別案例狀況有所調整。

7 玻璃工程

玻璃工程屬於裝飾工程，為防止被油漆沾附，通常最後才進行裝設。玻璃具有穿透、反光的效果，適合當成隔間牆使用，或用在櫃門、樓梯側面等處。老屋裝修重在強健體質，預算主要花在基礎工程上，建議在玻璃工程的預算可降低。

項目	價格
黑玻	約 NT.140 元／才
茶鏡	約 NT.190 元／才
烤漆玻璃	約 NT.270 元／才

※ 以上表列為參考數值，實際情況依各別案例狀況有所調整。

8 空調工程

機器設備的使用效率會逐年下降，若 15 年以上都未換過空調設備，建議直接換新的為佳。通常老屋最多只有預留舊式的窗型冷氣開口，因此可以趁全室拆除時，重新分配管線位置。現在空調主要分成壁掛式及吊隱式兩種，在裝修工程前，要先確認好空調機與主機的位置。

項目	價格
壁掛式冷氣	約 NT.6,000 ～ 8,000 元／台。
吊隱式冷氣	約 NT.8,000 ～ 10,000 元／台。

※ 以上表列為參考數值，實際情況依各別案例狀況有所調整。

常見糾紛 Q & A

Q. 裝潢老屋一定要花這麼多錢？！設計師是不是有報高價格？

想將家中 30 年的老屋重新裝修，但是找了好幾個設計師報價都好貴，一坪都超過 NT.7 萬元，裝修老屋真的需要這麼多錢嗎？

A. 屋齡越高，屋況越複雜，裝修的費用就可能越高。

老屋的屋齡從 20 ～ 40 年都有，屋齡越高，存在的問題越多，像是採光不佳、管線老舊、漏水等，常常也需要大動格局，將老舊隔間全部拆除，再加上水電管線也是需要全面更新，因此最重要的是維護住的安全。建議老屋的預算重點放在泥作、水電等基礎工程，抓一坪 NT.5 ～ 8 萬元：若情況複雜，必須大改格局或是更動管線位置，一坪裝修費也要 NT.8 ～ 10 萬元，老屋翻新的成本約是新成屋的二倍。

Q. 才剛施工沒多久，就付了 50% 的工程費，真的可以安心嗎？

家中才施工沒多久，就付了 50% 的工程費給設計師，結果設計師突然倒閉跑路，已經進行的施工費和建材費，都沒有付給工班，工頭反而再跟我們要，甚至把已經做好的天花、鐵門都拆除拿回去，簡直欲哭無淚。

A. 注意不正當的請款或非正式合約的簽署。

一般常見的工程約付款方式，多半是將工程款分為四到五期，其中第一、二期付款不乏要求「屋主簽約時付 20%、拆除進場付 20%」、「開工付 30%、泥作進場付 20%」等情形，這樣第一、二期的款項都高達 40% ～ 50%。若是想要詐騙金額的設計師，多半可在一開始簽約時就有徵兆，像是用合約以外的私人理由請款、頭期款特別高、無正式合約只有估價單，像這樣的情況都是警訊，要特別注意，才能避免款項被捲走的情形。

裝修名詞 小 百 科

粉光

以 1：3 的水泥沙比例混合後，塗抹在磚牆上，使牆面平整光滑。施作的沙子，最好是用篩子篩過，把較大一點的小石子或雜物分出來，以免地面或壁面不平的問題發生。

一底三度

「底」是批土的程序，「度」是指刷油漆面漆的次數。意為塗一次底漆＋三次面漆。

Part 3　考量房價和裝潢成本

越來越便捷的交通造就了大台北「蛋白區」的鼎盛繁榮，在金錢有限的前提下，「蛋黃區」的中古屋和「蛋白區」新屋的選擇，便是現在購屋族「保值」抑或「願景」的兩相比較。但若老屋本身房價低，未來無增值可能，一旦裝潢的費用抓太高，不但沒有保值，反而面臨賠本的狀況，因此裝潢老屋的費用多寡也需納入未來房價升值與否的可能性。

Point 01
衡量老屋增值可能

1 搜集資訊、了解行情

先收集相關資訊，了解目前房市行情，一併預估老屋的裝潢費用。雖然老屋相較於新屋房價便宜，但裝修費用相對較高。必須合理分配預算，房價升值的可能性與裝修費用要取得平衡。目前有實價登錄的機制，讓一般人在買賣房屋前就能瞭解該地區的行情價。

實價登錄查詢

Step 1： 進入「內政部不動產交易實價查詢服務網」（http://lvr.land.moi.gov.tw/）

Step 2：填入所在地、屋齡、建物型態和交易期間，即可查詢出當地四周的交易行情價。

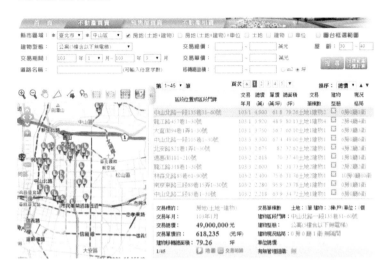

2 從投資角度評估老屋條件

可以從建商投資的眼光觀點來看老屋的條件，優越區段指標，如周邊有學區、市場、公園、百貨公司等，皆可為老公寓增加賣點與保值性。一般在考量都市的房價時，多半市中心的房價一定最高，接著從市中心向外擴散，房價會逐漸降低，就如同荷包蛋，中央的蛋黃區房價最高，環繞旁邊的蛋白區房價較低；最外圍的為蛋殼區，房價最低且無漲幅空間。因此，若無太多資金，建議優先考慮蛋黃區的中古屋或老屋，接著才是蛋白區的新成屋。若以台北市來說明，目前以大安區、信義區、中山區等老公寓最為熱門搶手。

3 好地段決定老屋是否增值

一般來說，「房屋價格＝建物價值＋土地價值」，建物價值會逐年折舊，逐漸變低。但土地價值會因為區域住房需求發展而有漲跌不同。像是重劃區具有都更議題的老屋，或是位於精華區的老屋，都相對保值，這是因為即便建物價值逐年降低，但土地價值卻能持續增值。因此，不論是自住或投資，建議考量老屋所在的區域是否是位於土地會增值的地段。

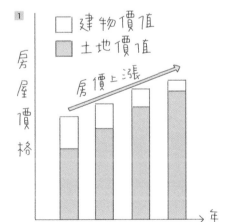

1 精華區地段的老屋，即便建物逐漸折舊，但土地價值會逐年上漲。整體來看，是有增值可能的。

4 有頂加或陽台，增加老屋價值

一般來説，大家都喜歡加大空間的頂加或陽台，雖然大多會宣稱是舊違建，沒有馬上拆除的可能，但是要如何評估這些區域的合理價值呢？以下將介紹評估合理價格的計算方式。

頂加：每坪的 1/3 價格
陽台與露臺：每坪的 1/3 價格

以頂加為例，如果是公寓 4 樓 + 5 樓頂加，若 4 樓的權狀坪數為 35 坪，價格為 30 萬 / 坪，5 樓頂加坪數為 15 坪，則 4 樓 +5 樓頂加的價格應為：

35 坪 × 30 萬 +（15 坪 × 30 萬）/ 3 =1,200 萬

另外，這是在未登記的情形。少數有登記的頂樓加蓋違建，可作為實際可用的坪數，不會被拆。因此，應以**頂加的實際坪數 × 行情價**來計算。

Point 02
衡量老屋房價和裝潢費用

1 欲購入老屋，先計算老屋和新成屋的價差

雖然老公寓的房價較低，但老舊的屋況是需要整理翻修的。所以除了自備款之外，還要再準備一筆金額作為裝修費用。以 30 年 35 坪的老公寓來看，每坪的裝修價格抓 NT.5 ～ 8 萬元，整體裝修費就高達 NT.175 ～ 280 萬元。

因此在裝修之前，建議先考量老屋和新成屋的價差是多少，以免老屋價格加上裝修費用後，反而還高於新成屋，有這樣的預算還不如直接購買新成屋。

新、舊屋的每坪平均房價可透過「內政部不動產交易實價查詢服務網」（http://lvr.land.moi.gov.tw/）查詢，以下將介紹如何查詢。

每坪單價查詢

Step 1：進入實價查詢服務網。

1 選擇縣市區域。這裡以台北市的中山區為例。

2 點選「建物型態」。若是新成屋，選擇「住宅大樓（11 層含以上有電梯）」或是「華廈（10 層含以下有電梯）」。若是 30 年以上老屋，選擇「公寓（5 層含以下無電梯）」

3 選擇「交易期間」。時間可自訂。

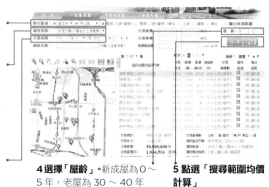

4 選擇「屋齡」。新成屋為 0 ～ 5 年，老屋為 30 ～ 40 年

5 點選「搜尋範圍均價計算」

Step 2：得出新、舊屋平均房價。

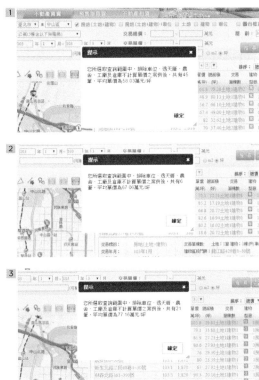

1 老屋每坪約 NT.58 萬元

2 新成屋的華廈，每坪約 NT.67 萬元

3 新成屋的住宅大樓，每坪約 NT.77 萬元

由上圖可知：

老屋每坪約 NT.58 萬元。

新成屋的華廈，每坪約 NT.67 萬元。

新成屋的住宅大樓，每坪約 NT.77 萬元。

前述文章提到老屋房價加裝潢費不應高於新屋房價。因此，合理的估算公式如下：

老屋每坪裝潢單價＋老屋每坪單價＜新屋每坪裝潢單價＋新屋每坪單價

若新成屋格局佳，僅需花費傢具、家電等成本，裝潢費每坪約抓 NT.3 ～ 5 萬元，老屋約抓 NT.8 ～ 10 萬元。因此新成屋每坪成本增加至 NT.70 ～ 82 萬元，老屋每坪增加至 NT.66 ～ 68 萬元。由此看出，老屋每坪的成本小於新成屋的成本。若是自住，不考慮馬上賣出的話，可考量購買老屋，成本相對來說較小。

但若考量未來 5 年預計要賣出的話，老屋房價則必須至少增值為 NT.66 萬元以上，才能夠不賠本，則需仔細評估該地區房價漲幅的比例和可能性了。

2 已有老屋，考量當初購入成本和目前行情

若目前手中已有老屋的狀況下，20 年前購入的每坪價格為 NT.40 萬元，目前行情為一坪 NT.58 萬元，每坪增值 NT.18 萬元。此時，若想整修的話，每坪的整修費用抓在 NT.18 萬元以下，賣出後都能穩賺不賠。

40（萬）＋老屋裝修成本單價＜ 58（萬）
（20 年前購入單價）　　　　　（每坪賣出單價）

但若老屋增值的幅度不大，以郊區來說，20 年前購入的每坪價格為 NT.12 萬元，目前行情為 NT.16 萬元，此時老屋的整修費用為 NT.8 萬元，購屋＋裝潢成本為 NT.20 萬元。即便裝潢後賣出，每坪也會倒賠 NT.4 萬元。

12（萬）　　　＋ 8（萬）　　　－ 16（萬）　　　＝ -4（萬）
（20 年前購入單價）（老屋裝修成本單價）（每坪賣出單價）（每坪倒賠 4 萬元）

3 如何判斷老屋地段是否有增值潛力

若想要裝潢不賠本，都基於老屋的地段是否能夠增值。除了前章所述的環境、區位、生活機能等因素之外，目前已有網站利用不動產實價登錄的數據，計算地段的升值抗跌指數，詳情可進入 yam 房價實價登錄網站（http://price.yam.com/）查詢。

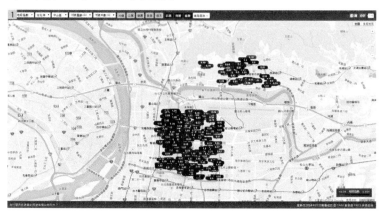

1 利用 yam 房價實價登錄網站可查詢該地區的交易熱度、實價登錄和地段指數，提供詳細的房市交易走向。

4 老屋賣出或出租，該如何評估

當手中有老屋時，有人會考慮是要直接脫手賣出，還是要整修出租的情況，在這種時候該如何抉擇？以下透過租金報酬率來評估。

30 年的 3 樓老公寓，且貸款都已還清的狀況下。該地區的賣出行情總價若為 NT.1,800 萬元，裝潢費用為 NT.200 萬元，定存年利率若為 1.4% 的情況下：

以出租來看，該地區租金收入行情為 NT.22,000 ～ 25,000 元，若無閒置空屋的條件下，一年可收回的租金如下：

22000×12（月）＝ 26.4 萬
25000×12（月）＝ 30 萬

表示一年最少可收取 NT.26.4 萬元，最多 NT.30 萬元。以下將計算租金報酬率分別是多少。

租金報酬率＝一年淨租金收入 ÷（房價＋裝修成本）×100%

26.4÷（1800+200）×100% ＝ 1.32% ← 小於定存年利率
30÷（1800+200）×100% ＝ 1.5%　 ← 大於定存年利率

以租金報酬率來看，租金 NT.25,000 元有 1.5% 的租金報酬率，比銀行定存利率高，表示若能出租至 NT.25,000 元以上的話，報酬率相較高；若租金行情在 NT.22,000 元，其報酬率比銀行定存利率低，則此租金定價較不划算，倒不如不出租。

以上計算方式為無閒置空屋且貸款已還完的情況下。但實際上來說，租屋可能會有閒置期，或是貸款尚未繳清。另外，房價高低也會影響租金投資報酬率。在這種複雜的情況下，目前有可供估算的網站「怪老子理財」（http://www.masterhsiao.com.tw/HRI/HouseRentalInvestment.htm）。
要注意的是，由於網站公式中未將裝潢成本列入考量，建議填入房屋總價時，也將裝潢成本加入較為合理。

5 不考量都更獲利的可能性

若持有 30 年以上的老屋，再加上老屋區段有被炒起都更議題的話，通常屋主多會考量都更背後所帶來的巨大利益。但從開始施作到建造完成時間多長達 10 年以上，且不一定能成功。因此，在估算裝潢成本時，不建議將都更因素考慮進去。

6　考慮轉手賣出的難易度

A 裝修前，考量屋齡、持有時間

一般銀行在評估房屋貸款，除了考量申請人的信用狀況、還款能力以及房屋坐落地段之外，還有關於貸款年限的限制：

1：屋齡＋貸款年限 ≦ 65
2：申請人年齡＋貸款年限 ≦ 75

若老屋目前為 40 年，預計再自住 5 年後賣出，下一位持有者可申請的貸款年限僅剩下 15 年，且銀行對於老屋貸款成數通常不高，多在 50％～60％左右。因此，買家需準備較多的自備款才能購買，也就降低了老屋轉手的機會。

建議若有自住 5 ～ 10 年以上的打算，就不須再期待轉手賣出的可能性，主要要考慮的是投入該花的裝潢費，好好改善老屋不良體質；若是投資的角度來看，建議要在 1 ～ 2 年內賣出為佳，因此裝潢費不須太高。

B 裝潢過程勤記錄，提升議價籌碼

一般人多半不愛買裝潢過的老屋，這是因為房子一旦裝潢過，是無法看出老屋原本的老化、漏水、壁癌等問題是否有徹底的解決。假使未來有賣出的打算，建議將老屋施工前後的狀況以照片記錄下來，有改善的問題點和位置也要在照片中標記下來。同時留下工程的報價單、收費單據，以及建材或設備的型號、尺寸，讓整個裝潢過程完全透明公開，降低買家的疑慮。而具有品牌效力的設備和建材，也能夠為整體裝潢加分，有效提升議價的籌碼。

1 時時記錄施工過程，讓裝潢過程透明，未來若有機會賣出時，可作為裝潢的依據。

7 降低老屋預算的裝修原則

若最後決定自住，且**裝潢費用＋老屋房價＞新屋房價**時，此時可透過省去不必要的裝修，來降低老屋的裝潢預算。

若要節省老屋的裝潢費，就一定要先瞭解哪些工程必做，哪些工程等有預算之後再做。

以 30 坪的老房子為例：

工程項目	費用
基礎工程	管線一定要換，因此就會牽涉到拆除、泥作、油漆等，每坪約 NT.3 ～ 4 萬元起跳。
基礎工程＋門窗更換	為了防止漏水，建議再加上全室更換門窗，每坪約 NT.3.5 ～ 4.5 萬元。
基礎工程＋門窗更換＋空調＆廚具更新	設備用了 20 年以上也該更新，加上空調和廚具設備，每坪約 NT.4.5 ～ 5.5 萬元。

A 儘量用現成傢具代替木作工程

裝潢最耗費人工的除了泥作，另一個就是木工，而且還很耗時，所以除非你需要利用屋內來創造更多的收納空間，才請設計師規劃，否則還是建議你用現成的傢具來代替。另外，也可以沿用部分舊傢具。

B 使用較為便宜的建材

可降低使用材料的等級，例如：以拋光石英磚取代大理石；或使用同等級但價格較低的建材，比如：以國產磁磚取代進口材質；也可改用低單價建材，例如：超耐磨地板。

C 選擇連工帶料的建材

在選擇建材時，儘可能找有連工帶料的配合廠商，例如：木地板、油漆等，因為這些廠商有時候會推出促銷商品，價格通常比你直接找建材再找工人施工便宜。

D 空間不要「乾坤大挪移」

設計裝潢最基本的原則就是切忌房間的移位，尤其是衛浴、廚房，因為除了泥作工程以外，更會增加水電工程的費用，而且排水管線的移位只要施工稍不注意，日後可能會造成漏水。

E 陽台不要外推

雖然只是打掉一面牆，可是後續增加的工程卻很多，像鋁窗或氣密窗、防水等。

**裝修名詞
小百科**

蛋黃區

大多數的城市，其精華的地段都處於中心位置，相當於荷包蛋中心的蛋黃一般。位於蛋黃區內的房價普遍較高，且位在蛋黃區的房地產價格，絕對都高於外圍蛋白區的價格。

租金報酬率

是計算租金與房價之間的投資報酬率。

老屋價值評估檢測

房屋品質好壞檢視要由遠而近，由外而內；從地段到地區，從房屋環境到本身結構好壞，從大環境開始瞭解物件的優劣、房屋與周遭環境的關係、生活機能以及未來地區的發展性。要如何了解自己的老屋是否有價值，可先透過老屋狀況來檢視評比。

對於一個地區的房價來說，生活機能是一個非常重要的支撐力道，生活機能好的地方，房價都相對較高。生活機能是一個統稱，也就是說，發生在出門以後、回家之前、在家附近，所有生活所需的食衣住行育樂等功能如何被滿足？就統稱為生活機能；至於老屋本身，一旦上了年紀，漏水、壁癌、水管老舊、地板蛀蟲現象，都是舊屋惱人的「陳年毛病」；有經驗的專家會去看一些小地方，例如浴室廚房的牆面有沒有壁癌、橫樑下是否有明顯裂痕、窗台接縫的地方施工是否精細、整棟大樓老舊與否、地下室是否有水漬或清不掉的異味、天花板上是否有生鏽的鋼筋裸露等。

如何了解自己買的老屋是否有價值，可以透過老屋狀況檢視表去做評比。

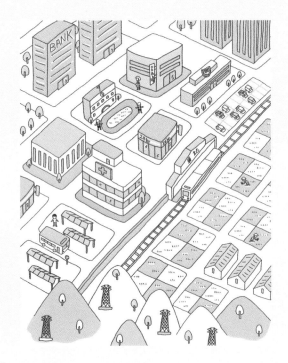

老屋土地條件	所在地	_____	樓層	_____F □含頂加
	登記面積	_____坪	土地所有權	□一人 □多人
	實際面積	_____坪	相鄰道路寬度	公尺
	都市計畫區使用分區	□住宅區　□商業區　□工業區　□行政區　□行政區　□文教區 □風景區　□倉庫區　□農業區　□保護區		
	都市計畫區使用地類別	□住一　□住二　　□住二之一　□住二之二 □住三　□住三之一　□住三之二 □住四　□住四之一　□住四之二		
	建蔽率	_____% （土地面積 × 建地率＝建築基地）	容積率	_____% （土地面積 × 容積率＝可蓋的總坪數

老屋狀況檢視表（請勾選）		
周邊環境	☐	1 非住辦混合，為純住宅
	☐	2 附近有公園綠地
	☐	3 附近有山林、海洋景觀
	☐	4 為人文薈萃之地
	☐	5 附近是明星國小、中學學區
	☐	6 附近沒有高壓電塔
	☐	7 非工業區住宅
	☐	8 周邊沒有色情行業
	☐	9 附近沒有攤販聚集
	☐	10 附近沒有寺廟或墳墓
	☐	11 周邊沒有噪音或空氣污染源
生活機能	☐	12 日間走路 3 分鐘就能到食衣住行相關需求滿足的商圈、市場
	☐	13 夜間走路 5 分鐘就能到食衣住行相關需求滿足的商圈或便利商店
	☐	14 附近走路 15 分鐘內有醫院、藥局
	☐	15 發生火災、刑案打 119 或 110 求助，消防車及員警可在 3 ～ 5 分鐘內到達
交通動線	☐	16 附近有公車或捷運線
	☐	17 非塞車路段
	☐	18 離高鐵站、火車站、捷運站都很近
	☐	19 好停車，停車位未飽和
	☐	20 周遭有聯外道路

出入管理	☐	21 有管理委員會，且委員會組織完善健全
	☐	22 出入口附近有管制人員
	☐	23 管理費用合理，不會偏高
公共設施	☐	24 公共設施比例不會過高
	☐	25 公共設施使用率高，維護佳
	☐	26 公共設施距離很近，方便使用
	☐	27 除了管理費，公共設施管理不需另外付費
房屋格局	☐	28 格局方正
	☐	29 樓高標準（標準 3 公尺，扣除天花板及地板，至少有 280 公分高度）
	☐	30 沒有閒置浪費的坪數
	☐	31 室內動線順暢
	☐	32 沒有因風水問題需要額外增加裝修的項目
通風採光	☐	33 採光良好，並可藉由裝修改善
	☐	34 為邊間
	☐	35 通風良好
	☐	36 座向為坐北朝南，無西曬、省電費
都更條件	☐	37 為 30 年以上的老屋，且臨 6 公尺以上的馬路
	☐	38 2/3 以上的土地和合法建物所有權人同意，以及所有土地總面積及合法建築物總樓地板面積均超過 3/4 人同意。
	☐	39 同一都更區，店家家數低於 50 家
	☐	40 同一都更區，頂樓違建少於半數。

房屋狀況	☐	41 建物外觀及樓梯間狀況良好
	☐	42 陽台地磚砌磚平整
	☐	43 陽台牆面貼磚整齊無歪斜、無裂痕
	☐	44 陽台用水與排水正常
	☐	45 頂樓及陽台不積水，水可順利導入落水孔
	☐	46 外牆沒有滲水情形
	☐	47 玄關大門無破損、脫漆，門片與門框密合，可完全關閉
	☐	48 插座外觀完整，無破損、歪斜、髒污
	☐	49 電箱電源承載配置正確
	☐	50 燈座開關外觀完整，無破損、歪斜、髒污
	☐	51 雨天不會滲水或冒水氣
	☐	52 地坪平整，高地差小於或等於 1mm
	☐	53 樓地板地坪水平，無傾斜
	☐	54 木地板平整，無翹起變形
	☐	55 地磚接縫小於 1mm，無歪斜
	☐	56 地磚無空心現象，完整無裂痕、破損
	☐	57 牆壁沒有壁癌、龜裂或水泥裂縫
	☐	58 牆面平整，油漆均勻，完整
	☐	59 牆面無裂痕，髒污
	☐	60 天花板與牆面接縫平整
	☐	61 天花板油漆均勻，完整無髒污
	☐	62 天花板無滲水現象
	☐	63 樑柱無傾斜、裂縫、蜂窩現象
	☐	64 樑柱漆面均平整無髒污

房屋狀況		
	☐	65 窗戶膠條完整，無破損變形，或未黏牢之情形
	☐	66 窗戶周邊無滲水現象
	☐	67 窗戶周邊無裂縫現象
	☐	68 窗戶氣密性良好，紗窗框四周無變形及無法拆卸情形
	☐	69 房門門框及門片無破損、刮傷、髒污、脫漆
	☐	70 門框安裝牢固無歪斜，門片與門框密合，可完全關閉
	☐	71 衛浴抽風機外觀完整，無破損，歪斜，髒污
	☐	72 衛浴抽風機管路確實作用
	☐	73 衛浴地坪的傾斜角度導水順暢不積水
	☐	74 衛浴地坪防水良好，不會滲水至樓下
	☐	75 衛浴落水孔有存水灣功能（防蚊蟲）
	☐	76 落水孔排水順暢，排水速度夠快
	☐	77 衛浴天花板無滲水現象
	☐	78 衛浴牆面磁磚無裂痕、破損
	☐	79 浴缸外觀完整，無歪斜、裂縫
	☐	80 浴缸止水塞拉桿功能正常，蓄水功能正常不漏水
	☐	81 浴缸接縫處，水泥填補平整
	☐	82 馬桶水箱蓄水正常、壓水開關正常
	☐	83 洗手台外觀完整，無歪斜、髒污、裂縫
	☐	84 水槽供水、蓄水、排水正常
	☐	85 廚房壁磚無裂痕、破損
	☐	86 排油煙機、瓦斯爐、水槽、烘碗機等廚具器材使用皆正常，無污損
	☐	87 有天然瓦斯
	☐	88 櫥櫃門角鍊正常，無變型或失去支撐，使用狀況良好

房屋狀況	☐	89 地板、天花板、櫥櫃沒有蛀蟲情況
	☐	90 電壓足夠，電線線徑足夠，不會太細
	☐	91 水壓足夠，水溫不會忽冷忽熱
	☐	92 水管無生鏽或堵塞
	☐	93 水塔狀況良好，毋須更換
所在區域	☐	94 蛋黃區。市中心的精華地段
	☐	95 蛋白區。與市中心相鄰，交通方便
附加價值	☐	96 梯間有足夠面積增建電梯
	☐	97 樓層位置佳
	☐	98 土地持份大
	☐	99 為民國 84 年以前所建築、既有的頂樓加蓋（84 年以後暫緩拆除）
	☐	100 房子由設計師設計，美輪美奐，曾經上過雜誌、電視媒體

計分方式：以「∨」方式計算總結分數，每一個「∨」就代表得一分。對應三種不同結果進行分析
分數為 0 ～ 35 分為「狀況堪憂型老屋」
36 ～ 69 分為「品質平均型老屋」
70 ～ 100 分為「人人都愛型老屋」。

狀況堪憂型老屋：0 ～ 35 分

分析結果：重整裝修必須花相當多預算在硬體重整，非常不划算，除非周遭環境良好或有交通增值空間，或者單純只是要自己住，否則如果要作為老屋投資，不建議進行整修增值，因為獲利空間少，而且由於老屋狀況不佳及不穩定，如果不花一大筆錢裝修，也難保未來出現更糟的狀況而更難處理。

品質平均型老屋 36 ～ 74 分

分析結果：屋況尚可，且周邊環境機能平均，如果是自住，非常推薦進行老屋重整裝修，因為生活品質將大大改變提升，如果要作為投資，則必須針對房屋未來增值空間作評估，例如有捷運站、高鐵站設立，或有科學園區等，如果裝潢預算控制的好，還是有相當的獲利空間。

人見人愛型老屋 75 ～ 100 分

分析結果：恭喜你，這是人人都想要的好房子，因為屋況良好、地段好，而且周邊生活機能完善，無論是自住或是投資，只要外觀維持還不錯，花點小錢稍微整理維修，不但生活品質提升，轉于賣出的獲利空間也相當大。

決定裝潢了，要開始忙很多事，
開始打包、開始找房子暫住、準備開工……
最重要的是，先安排好哪件事先做吧！

老房子準備開始裝修，最麻煩的就是沒辦法一邊施工、一邊住在裡面，
建議一旦和設計師簽訂施作工合約後，就要先確定可以住哪裡，
住娘家、住婆家，還是租房子，
不管是哪個選擇，最好是離原本的家近一點，
不用適應新的生活圈，也方便監工。

決定住的地方後，就要開始進行打包，
打包一向很繁瑣，切記東西先分類，
一天收完一類物品就好了，搬家就能從容不迫。

不過要注意，大約 2～3 個月才能完工搬回來，
所以，隨身物品要記得多準備一、兩件可換季的衣服，預防換季時的需求。

Project

2 前置計畫

多的超乎想像！動工的前置作業

家中的老房子一旦決定開始裝潢動工後，除了找設計師討論設計、施工外，也要開始準備收拾家中物品，為家中的物品分門別類進行打包，丟棄不要的東西，甚至要開始尋找短期居住的地方。同時施工前也要記得申請裝修許可，並告知左鄰右戶，讓住戶有心理準備，做好敦親睦鄰的角色。

項目		Part 1 開始收東西，收得省時有效率		Part 2 住在哪、住多久，才花得經濟實惠
施作內容	1	**換季物品先收。**先打包不常用的、或已換季的物品（如棉被、毛衣）可以先行打包。	1	**考量施工期長短。**短期裝修找親戚，長期裝修找短租公寓。同時建議找舊屋附近的房子，方便監工。
	2	**搬走前二週開始收。**物品分成 10 ～ 15 類，分門別類開始整理。易碎物品要小心以氣泡紙等緩衝材料包覆完全。	2	**合約附加但書。**若因施工期延長，必須續租時，要在合約裡附註需提前告知的期限。
			3	**尋找傢具暫時置放處。**利用便利倉和短租倉庫方便寄存傢具。或可向朋友、鄰居詢問是否有空間置放。
費用評估	搬家費	以車計價。平均一車 NT.3,200 元左右。	房租費	依各區域行情而定。有些月租的租金會比年租的租金要高。
	包裝材料費	箱子、泡棉、白報紙等包裝材料，花費依需求數量而定。	倉儲費	依照選擇的倉庫空間大小而定。有些搬家公司也有提供月租的服務。

職人應援團

小資夫妻
Ethan&Lily

找同社區或大樓是否有空屋可租

自己的舊屋開始全面整修後，一定要找地方暫住，建議可詢問爸媽可否暫時一起住，或是向親朋好友或鄰居詢問有沒有空屋可以暫住或租借。若無，可上網搜尋短租的套房，租屋處建議離舊屋近一點，最好可以在同社區或同大樓，不僅搬家方便，也能就近監工。

家事達人
楊賢英

一天只要整理一類物品就好

要開始收拾打包家中物品時，常常面臨到東西太多不知該從何開始，建議一天只要整理同一類的物品就好，如果同類物品太多，可分成兩天進行，這樣就能專心整理，收拾時就不會手忙腳亂。

 Part 3 申請裝修許可，不做麻煩一堆

1	**找合格建築師代為申請。** 可透過建築師公會、社區建築師，由建築師向各地的建築管理處代為申請。也可透過設計公司代為處理申請流程。
2	**施工建材的擺放。** 施工機具或建材需要暫時放在公共區域中的話，若大樓有管委會，要事前向管委會申請為佳。若無管委會，則要向鄰居告知。
申請費	申請裝修審查許可，依照案例規模和難易度，約 NT.4 萬～10 萬元不等。
罰鍰	若未申請裝修許可，且遭人檢舉，建管處將會開罰約 NT.6 萬～30 萬元不等的罰鍰。

Check List

☑ 考量重點

整理打包

☐ 記得製作物品清單，所有打包物品都要詳細列入。

☐ 將一週內的必用物品裝在一起，如公事用品、盥洗用品、衣物等。

☐ 貴重物品最後收，以防忘記。搬家當天隨身攜帶。

短期租屋

☐ 至少在動工前 45 天開始尋找租屋處。

☐ 大型傢具無法搬入，租借倉庫或空屋置放。

申請裝修許可

☐ 開始施工前二週申請，平均約一週就會核發下來裝修許可。

☐ 準備好相關的施工圖面，可委由設計公司製作。

☐ 小心建管黃牛詐騙。

Part 1　開始收東西，收得省時有效率

裝潢搬家最先要做的就是整理家中的物品，根據物品類別作打包分類，並將不用的傢具、物品丟棄，減少佔據過多的空間。同時擬定打包計畫，才能有效率的在搬家前整理好所有的物品。另外，也要尋找大型傢具的置放處，如果暫時租賃的地方擺不下，還可以尋求個人倉庫出租使用。

Point 01

打包分類關鍵

1 安排打包計畫，一天收一類最省事

老屋要開始整修動工前的二～三週，建議就要開始進行打包的工作，心中思考整理計畫，擬定物品收拾的順序，依照屬性先將物品分類，分成衣服、書籍、廚房用品、3C 家電等，最多分成 10 ～ 15 類，以分類的數目作為整理的工作天數，建議一天整理同一類的物品較好。可從數量最多的衣物開始收，專心整理好所有家人的衣服後，再進行下一類的打包。這樣才不會同時整理不同種類的物品，而顯得手忙腳亂，無法有效掌握打包的進度。

一週打包計畫	第一天	整理一週內必用的物品
	第二天	收拾衣物
	第三天	
	第四天	整理書籍
	第五天	
	第六天	廚房用品
	第七天	零散物品

2 該丟就丟，不要捨不得

藉著老屋重新裝潢，重新檢視屋內的物品、傢具，並思考哪些可以留、哪些可以丟，過於老舊或使用頻率少的物品，建議可以不用猶豫，直接丟棄。不僅可減少未來搬家時的數量，也能汰舊換新。

保留　　　丟掉

3 物品裝箱的原則

在將物品裝箱時，有些細節要特別注意，就能降低在運送時損壞的危險，也讓搬運更為省力。

A 上輕下重

將較重的物品放箱子底部。重心在下方比較不易傾倒。

B 以一人可搬的為限

每箱不宜太重或太大，以一人可搬動為準。

C 塞滿紙箱空隙

以報紙、保麗龍、氣泡布等緩衝材塞滿，以免箱內物品在搬運過程因晃動碰撞而受損。

D 箱外標示明確

箱子外側貼上明細或標籤，才容易一目瞭然，並方便尋找。

E 箱體以 H 字型黏牢

箱頂與箱底應以 H 字型黏貼，並於箱底四邊再繞一圈膠帶，可加強箱底強度，以支撐箱重。

4 裝箱材料的挑選

打包最需要的就是裝箱材料，除了使用收納箱、收納袋之外，有些易碎的家電、碗盤也要有保護材料包覆。但若選得不對，不僅增加在運送過程的麻煩，甚至有可能會造成搬運人員的傷害。以下將介紹各式裝箱的材料。

A 紙箱

可向店家或超商詢問是否有不要的二手箱，但要注意紙箱本身也有厚薄之分，有些裝衛生紙的紙箱雖然體積大，看似可裝入大量的物品，但是這類紙箱通常都較薄，不夠堅固，在搬運途中很有可能會破損，甚至解體。最好是選擇裝水果類等較重物品的紙箱，本身較厚，可以承受搬運物品的重量。

若是箱子數量仍不足，有些搬家公司有提供紙箱租借或購買，或是向郵局、貨運行購買也可以。

B 收納箱

可選擇附有滾輪的塑膠收納箱，此類的箱子體積大，建議裝換季的衣物、寢具等輕便的物品，這樣一來，不僅搬運方便，也只要一人就可以搬得動。較不建議裝書籍等較重的東西，在搬運時會需要耗費兩個人力去搬，再加上是塑料材質，容易壓裂變形，反而會讓搬運人員受傷。

1 H 字型的繞法加強箱體。

2 太薄的紙箱容易破掉，無法保護裝在裡面的物品，也無法保護搬運人員的工作安全。

C 登機箱

善用家中的登機箱，建議可裝入一週必用的物品，不僅好收好拿，攜帶也方便，也不會和其他的箱子混淆。

D 真空袋

用於棉被、枕頭、冬季衣物等較厚且可壓縮物品，這樣能有效減少裝箱的體積。

E 氣泡紙、白報紙

易碎物品利用氣泡紙或白報紙包覆，增加碰撞的緩衝力道，同時裝箱時可用白報紙或一般報紙塞滿孔隙。

F 封箱膠帶

使用透明的寬膠帶即可，黏性較佳。

G 布膠帶

用於固定櫃門、抽屜、家電等，避免在搬運途中，抽屜、櫃門滑落或打開。布膠帶的黏性較低，撕開後不會有殘膠。一般的透明膠帶黏性強，若是用於原木傢具的固定，則容易會有殘膠留存，甚至會造成傢具毀損的情形。

5 依照季節和使用頻率打包

可以先打包不常用的、或已換季的物品（如棉被、毛衣）可以先行打包。至於日常必用物品（像盥洗用具、當季衣物、上學上班用品等）則須另行打包並註明清楚。而藥品、急救箱分成一類；清掃用品分成一類，這些都可能會在搬家當日用到，建議另外打包較好。

6 衣服直立放，拿取一目瞭然

整理衣物時，全家人一起動手各自整理自己的衣服，能有效節省時間。在折疊的過程中，若是疊成一疊擺放，只能看得到最上面的衣服，建議衣服直立放入箱子中，就能一目瞭然，方便挑選衣服。另外，較輕薄的夏季衣服、內衣、背心等，折好後可裝進鞋盒或衛生紙盒裡，不僅能縮小裝箱的體積，也能在搬家後快速整理好。若是沒有鞋盒，也可以將紙袋向內折使用。如果有怕皺需吊掛的衣服，如西裝、大衣外套等，可考慮跟搬家公司租借「掛衣箱」，專門的掛衣箱內附吊桿可以直接吊掛衣服，有效保護衣物。

3

3 利用搬家公司的掛衣箱，能保護貴重衣服不受擠壓。

若衣物無法全部帶到租屋處時，建議將 3 個月內會穿的衣服，利用鞋盒、衛生紙盒的裝箱法收納，不僅方便搬運，也可視為暫時的衣物收納箱。

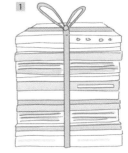

7 書籍依櫃子的 1/2 長度為一捆

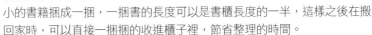

在施工前可向設計師詢問新書櫃內部的長度，若沿用現成櫃，也可直接測量。接著同樣大小的書籍捆成一捆，一捆書的長度可以是書櫃長度的一半，這樣之後在搬回家時，可以直接一捆捆的收進櫃子裡，節省整理的時間。

1 一捆書的長度約為書櫃的 1／2 長度。

8 寢具用真空壓縮，省體積

棉被、枕頭等的寢具利用市售的壓縮袋收納，有效節省裝箱的體積。打包寢具依照家庭成員分類，並在壓縮袋外側註明家庭成員的姓名，方便辨認。在暫住租屋處的期間，建議攜帶兩套寢具即可。

9 攜帶常用的鍋具

電鍋、悶燒鍋等廚房用品，建議依照個人習慣攜帶常用的鍋具。而碗盤數量則依家庭人數攜帶足夠的碗盤。而碗盤的打包，一定要一個個分開用白報紙或氣泡紙裝好，不要一起打包，通常會碎裂的原因都是在杯盤之間的碰撞造成的。打包完成後，在箱體註明易碎品。

10 家電、3C 用品零件另外包好

如果是大型的家電，像是冰箱、電視、洗衣機等，搬家公司會協助打包。而小型家電或 3C 產品，如微波爐、烤箱、平板電腦等，若有保留原廠盒子，則裝回包覆即可；若無的話，用氣泡紙包好後，放入適宜大小的箱子，並塞滿箱子內部的空隙。家電、3C 用品的電線，建議捲好後用膠帶直接黏貼在背後，以防要組裝時找不到；而家電拆下的螺絲零件等，可用小收納袋裝好，並標註品名，同樣直接貼於家電的背後或是和家電裝在同一箱裡。

圖片提供 © 誠品優質搬家公司

圖片提供 © 誠品優質搬家公司

2 + 3 冷氣、洗衣機等家電，可等到搬家公司來再行處理。

另外，像是烤箱內的烤盤、電鍋的內鍋等零件，建議另行包裝為佳。這是因為在運送的過程中會有搖晃，若家電內部仍有零件，可能會造成器具的損傷。

11 現金、有價證券自己帶

像是現金或貴重物品自行攜帶，以免因搬家忙亂忘記收藏地方或不慎遺失造成誤會。另外，像是古董等貴重物品，無法自行攜帶時，打包好後在箱子外側註明易碎品，就能提醒搬運人員小心輕放，同時建議幫古董保險，即便搬家公司有理賠的制度，但有金額的上限，因此自行保險為佳。

3 現金、有價證券等貴重物品不要裝箱，自行攜帶較為安全。

12 搬家公司協助打包大型傢具

大型傢具可由搬家公司協助打包，同時提供簡便的拆卸組裝服務，傢具外層會以彈性的包覆材料作為緩衝，有效保護運送過程中不受損。

圖片提供 © 誠品優質搬家公司

13 製作打包清單

將所有打包物品都詳細列入，並於箱外註明編號和家庭成員的姓名，方便搜尋不易遺漏。

4 以彈性包覆材料包好傢具。

物品打包清單

箱號 01		
品名	數量	備註
原居處	新居位置（樓層／空間／傢具編號）	
＿＿F／弟弟房	＿＿F／弟弟房／no.5	

物品打包清單

箱號 02		
品名	數量	備註
原居處	新居位置（樓層／空間／傢具編號）	
＿＿F／妹妹房	＿＿F／妹妹房／no.5	

Point 02
二手物品處理

1 洽各縣市環保局、清潔隊回收

民眾可逕洽各所在地的政府資源回收專線，約定委託清潔隊回收的時間、地點。各地官方資源回收網上亦有相關回收資訊。

2 委託搬家公司代為清運

搬家公司因無法進入公立垃圾場，必須運至民營垃圾回收處理場，因此消費者須再支付拆解、搬運、與運至民營回收處理場的清理費用。

3 書籍可交給二手書店或慈善團體

不要的書籍除了交給資源回收的人處理之外，也可詢問二手書店是否願意收購，如果書籍數量龐大，有些書店甚至會提供到府收書的服務。另外，也可詢問社福團體是否有書籍的需求，讓書籍可以再生利用。

4 聯絡中古商收購

有些傢具、家電若品相保存不錯，可以聯絡中古商前來收購，做有效的資源處理。

常見糾紛 Q&A

Q. 把櫃子當箱子用，結果玻璃門片被撞壞？！

因為懶惰沒有完全清空書櫃裡的東西，把櫃子當箱子用，結果運送途中書櫃的玻璃門片被撞壞，找搬家公司求償，卻說是因為我們沒有完全做到清空，所以不賠，這樣合理嗎？

A. 搬家公司在事前應要盡到告知義務，若有進行告知，屋主仍執意不清空，則不賠償是合理的。

像是衣櫃、鞋櫃、五斗櫃、儲物櫃、冰箱等，在搬運前務必要將內部物品全部清空，並且門片、抽屜會滑動或移動的部位，都必須用膠帶貼覆固定，避免在運送的過程中打開。由於車體會搖晃，再加上有些櫃體本身的材質不好或是組裝並不堅固，因此櫃內若未清空，內部的物品可能會因滑動而造成內部層板受損，門片脫落、破碎的情形，甚至也可能在搬運時突然掉落砸傷搬家師傅。

像這類的注意事項，有經驗的搬家公司會事情進行告知，屋主若是抱持僥倖的心態，則後果必須自負。

裝修名詞 小百科

掛衣箱

在箱子內部附有吊桿，可不用拆卸衣架直接吊掛衣服，同時外層再蓋上防護蓋，形同一個小型衣櫃，可有效保護貴重衣物不起皺摺。

Part 2　住在哪、住多久，才花得經濟實惠

老屋整修大多是全室重新大翻新，且施工期可能長達 3 個月，甚至半年，因此在和設計師討論的過程中，就要開始留意借住或租屋的資訊，一旦確定開始施工和完工的日期，才能不忙不亂的準備搬家。

Point 01
租屋暫住

1 先向家人諮詢借住意願

一般老屋裝修時間少則 2 個月，長則半年，因此一旦決定要施工時，建議先向家人詢問是否有可以借住的空間，以節省租屋費用。若是沒有空間可以長時間居住，則開始搜尋租屋資訊。

2 租屋資訊，至少在開工前 45 天開始找

即便是租屋，也需要耗費心力和時間去搜尋和看屋，建議在和設計師討論規劃的當中，就可以開始搜尋租屋的資訊，尤其是因為要短期租屋，一般房東的出租意願都不高，因此至少在開工前一個半月開始搜集。當確定開工和完工日時，就可以規劃看屋的時間和路線。以下為常見的租屋管道：

A 向鄰居和親朋好友詢問。

B 上租屋網搜尋或房仲業者。

C 飯店短租服務。

3 尋找以舊屋為中心的就近區域

由於是為了等待房子完工的暫時租屋，因此租屋地區建議不用離現有的生活圈太遠，上學上班的通勤時間和路線也可如往常一樣，無須適應新的生活圈，也可以就近搬家或是監工。

走路距離5分鐘。

1 建議尋找離家近的租屋處。

Project

2

前置計畫。多的超乎想像！動工的前置作業　Part 2 住在哪、住多久，才花得經濟實惠

4 瞭解租屋附近的生活圈機能

若是舊家附近沒有適合的租屋，就只能再擴大範圍尋找，可先上網確認租屋區附近是否有便利的公車站牌或捷運，瞭解到公司或學校的通勤路線；四周環境是否為良好的住宅區，不要是太吵雜的夜市。

攝影 © 蔡竺玲

2 即便是短租，四周的生活機能也要完善。

5 看屋前表達短租意願

由於短期租屋最容易遇到房東不願意出租，因此在看屋前先和房東告知短租的需求，以防多跑一趟看房子卻無法承租，耗費過多的時間。同時在看屋時，態度要誠懇，給房東留下好印象，提高承租意願。

6 要有租金較高的準備

一般非專職的房東平日就有工作，沒有太多的時間去處理租屋事情，有意願短期出租的，多為職業房東，往往會藉著增加租金，減少空屋期無法收租的金錢損失，像是原本一個月 NT.8,000 元，可能會提高到 NT.10,000 元。因此在有短期租屋的需求下，要有租金較高的心理準備外。除此之外，在押金的部分，要也注意押金的額度應低於租金，不應因短租而提高，像是只租兩個月，押金卻收到兩個半月，這樣是不合理的。

7 短期租屋也需簽訂合約

由於租期短，有些人為了避免麻煩就沒簽合約，一旦產生糾紛反而無憑無據，因此建議還是要簽訂合約。主要會有爭議的地方在於修繕和水電費的計算。

A 物品損壞

短期租屋的過程中，如果有燈泡、電池等消耗性物品，損壞後一般是由房東負責修繕。若是人為因素毀損，像是沙發有污漬等，應依照契約內的規定賠償。為預防不肖房東惡意求償，在確定租屋時，可拍照留下屋內現有的使用狀況。

B 水電費計算要清楚

由於租期短，退租時可能都還沒收到該期的水電費收據，因此在簽約前先和房東確定繳費的機制，並於合約中註明收費標準，避免事後產生紛爭。

一般計費方式有「租金內含水電費」、「依實際使用度數，另外付費」、「先預繳固定金額，依實際使用度數扣款」。若是依實際使用度數，可先拍下當期的電表，並附在合約後方，作為證明之一。

屋主　　　　　　房東

1 合約中的水電費算清楚，避免事後有紛爭。

C 承租日延長

若是因施工進度延宕，導致必須加長租屋期限，在合約中也要註明需在多久告知房東，通常是兩星期或一個月前提前告知。同樣的，若房東要終止承租，也需在同樣的期限內提前告知。避免房東找到了下一位房客，卻因仍未完工而被迫搬家。

8 預防施工嚴重拖延，可於合約內註明期限和罰則

在和設計師簽訂合約時，內文會註明開工日和完工日，但有時施工進度會因不同因素而有所延遲，屋主也就必須多繳租屋金。因此可在合約中註明工程期限和罰則，一旦有延遲，可依合約向設計師求償。一般來說，若施工落後的原因是因天災、人禍等不能抗拒的因素，這部分實為設計師和屋主雙方所不樂見的，且也無法預料，通常是不能求償，只能請設計師盡快加快進度。

Point 02
物品暫存的收納空間

1 尋找收納空間的管道

有時找到了暫住的地方，但傢具、家電卻沒有地方擺放，需要另外找地方寄放時，也同樣讓人傷透了腦筋。以下將介紹可寄放傢具、家電的管道：

A 大樓內的機房

有些老舊的公寓大樓會有空置的機房，可向管委會詢問是否可以借放。

B 搬家公司的倉儲

有些搬家公司有倉庫出租的服務，可事先詢問，之後再搬回來時也較方便。要注意的是，通常除濕的功能可能較不完善，若有貴重傢具，會有受潮的危險，建議詳細詢問或到實地觀看環境和設備。

Project

2

前置計畫。多的超乎想像！動工的前置作業　Part 2 住在哪、住多久，才花得經濟實惠

C 鄰居或親友的頂加空間

有些頂樓加蓋是做為倉庫使用，可以向鄰居或親友詢問是否有空間可以暫放。

D 便利倉或出租貨櫃

目前市面有出租倉儲的服務，可向這些業者詢價。一般來說，費用以月租計算，依照承租的容量而定，多在 NT.1,000 ～ 7,000 元之間。

2 便利倉倉庫尺寸選擇多

置物櫃有分小、中、大等尺寸規格，可依照傢具的數量、尺寸大小來選擇。

3 確認出租倉庫有無消防、監視設備

這些個人倉庫皆配有消防滅火器、基本的偵煙器、監視器等設備，確保防火與個人物品的安全性。同時要確認除濕功能是否完善，有些倉儲並非 24 小時都開啟除濕，書籍、傢具可能會有受潮的情形。

常見糾紛 Q & A

Q. 寄放在出租倉庫的東西被竊，公司無法理賠？！

之前將傢具、家電等雜物寄放在出租倉庫中，倉儲公司因管理不慎而遭竊，向他們求償，卻因為沒有保竊盜險，而無法理賠全額，這該怎麼辦？

A. 事前注意倉儲公司是否有保險證明。

和倉儲公司簽約前，注意對方是否有保火險、竊盜險，避免因為天災、人禍導致貴重受損或遺失，而無法獲得該有的理賠。同時若倉儲空間中有置放貴重傢具、古董等高價物品，建議也需自己保險較恰當。

裝修名詞 小百科

便利倉／迷你倉

也就是客製化的小型便利倉庫，這種個人倉儲概念早在歐美國家十分盛行，台灣是近幾年才逐漸引進，主要在解決不同的居家、商業儲藏的難題，在房價高漲的年代，很適合採用這樣的方式解決收納。

Part 3　申請裝修許可，不做麻煩一堆

很多人認為裝潢前只需和左右、上下鄰居打好招呼，在大樓張貼裝潢告示即可，但要注意，目前裝修要先向政府申請裝修許可，得到可裝潢的證明後，才能開始施作。若未申請就開工，一旦遭人檢舉，事後不僅要付罰款，還可能需要先復原再申請，不僅造成施工上很大的麻煩，也多花一筆不少的費用。

Point 01

裝修申請的程序規範

1 確認是否需要申請審查許可

申請室內裝修許可最主要是要對室內裝修行為以及相關業者加以管理，只是室內裝修行為的涵義廣泛，如果是「供公眾使用建築物」，都要依法申請建築物室內裝修審查許可。按「建築物室內裝修管理辦法」第 3 條規定，以下為必須申請的條件：

項目	內容
固著於建築物構造體之天花板	只要動到天花板，就必須申請。
內部牆面	拆除或變更內部隔間，都需申請。
高度超過 1.2 公尺固定於地板的隔屏，兼作櫥櫃使用的隔屏等的裝修施工	拆除或施作高度 120 公分以上的屏風、櫃體等，都需申請。
分間牆之變更	有動到分間牆，需要申請。

2 設計師需主動告知要申請裝修許可

由於申請裝修許可需額外支付費用，且必須由屋主自行支付，通常裝潢業者為了省麻煩，沒有告知屋主相關的規定，等到被人檢舉後，才發生需要補辦理、罰款甚至停工的情形。因此，設計師應主動告知，讓屋主申請後再行施工。若設計師未主動告知，屋主也可事前和設計師詢問相關的規定，以免受罰。

3 可委由設計師或建築師代為申請

一般若有請設計師，則可交由設計師申請；若自行發包施工，則可找建築師代為申請。申請審查許可依法規可向內政部指定的相關機構如建築師公會進行。雙北、高雄市均設有「社區建築師」，除了可代辦各種業務如變更使用執照，也提供諮詢服務，可替民眾解決裝修工程、法規相關的疑難雜症。

要注意的是，不論是找設計師或建築師，都要找合格且有證照的才不會有問題。

裝修許可證申請項目	申請人	委由設計師或建築師代為申請
	申請單位	各縣市的建築管理處
	申請時間	向建管處申請，約一週後可拿到
	檢附文件	1 申請書
		2 建築物權利證明文件
		3 前次核准使用執照平面圖、室內裝修平面圖或申請建築執照之平面圖
		4 室內裝修圖說：若自行發包者，可向合格有照的設計師或建築師配合簽證跑流程
	費用	屋主自付。依照案件複雜度，約 NT.4 ～ 6 萬元不等

4 未申請，會當場開罰

由於申請裝修許可證所要負擔的費用較多，一般人會心存僥倖不申請，以為和同一棟的鄰居打好關係，就不會被檢舉。但事實上，在施工期間，有可能會被隔壁棟或附近的鄰居檢舉施工噪音問題，一旦建管處查證未申請裝修許可時，依《建築法》第九十五條之一規定，除了處 NT.6 ～ 30 萬元罰鍰外，須限期改善並補辦，逾期仍未改善者得連續罰，必要時強制拆除其室內裝修違規部分，因此規避申請的話，事後要補救更為麻煩。

若有申請裝修許可，也在規定的時間施工內，即便有人檢舉施工、噪音問題，只有確認有裝修許可證，就不會被處罰。

Point 02

其餘規範和注意事項

1 注意公寓大樓是否有規約

如果你住的是社區型大樓，或者是設有「管理委員會」（簡稱：「管委會」）的大樓，那麼在裝修前要先確認是否有規約的制定。為了確保全體住戶能擁有良好的生活環境，公寓大廈的住戶可開會決議某些事項，像是大樓外牆、鐵窗設置等項目，都可經過住戶開會決議而生約束效力，全體住戶必須共同遵守決議之事項。

圖片提供 © 相即設計

1 大樓外牆、鐵窗等設置需要經過管委會同意才可施作。

2 施工前要於出入口張貼許可證

只要在台北市進行室內裝修都應出示施工許可證。所謂的施工公文，指的是「室內裝修施工許可證」。這是台北市政府為了強化市民辨認裝修場所是否依法申請審查許可，所以從民國 95 年 6 月 15 日起，規定只要是申請審查許可的室內裝修，都應該於施工期間張貼此證明，可以供人辨識。若不居住在台北市進行裝修時，也可以查詢一下各縣市政府的工務局看看是否也有這樣的規定。

3 注意是否有「既存違建」需要重新修建

近年違章建築問題多，但買到中古屋已經有既存違建的時候怎麼辦呢？以台北市而言，由於有規定民國 83 年底以前興建完成的屬於既存違建，因此若需要修繕、修建，那麼必須委託開業建築師向建築管理處辦理登記，證明買到的房子有既存違建，而你只是進行修繕的工作。

4 建材、施工器具的擺放

若要借用車位、公寓大樓的梯間停放建材或施工器具的話，必須向管委會提出申請，因為所謂共用部分，通常指的是就是全體住戶共同擁有、使用的區域，如基礎、樑柱、連通數個專有部分之共同走廊、樓梯等（構造與性質上的共有部分），或者是法定空地、法定防空避難設施以及法定停車空間（法定共有部分）。這些地方不可私自佔有使用，以維護住戶的權益。

常見糾紛 Q & A

Q. 換地板要申請裝修許可嗎？

只是要更換原本的超耐磨地板，這樣沒幾萬塊的裝修也需要花錢申請裝修許可嗎？

A. 超耐磨地板無須敲掉地板，因此不用申請。

一般的超耐磨地板不需敲除地板即可更換，因此不用另外申請裝修許可。但若地板原本是磁磚，要重新敲除後換大理石的話，因為有敲除、泥作等工程，則需要申請。

攝影©Amily

裝修名詞 小 百 科

供公眾使用建築物

供公眾使用建築物顧名思義，就是供大眾使用的場所，其範圍除了電影院、遊樂場、百貨公司之外，也包含了六層樓以上之集合住宅（公寓）。因此，六層樓以下的集合住宅就屬於「非供公眾使用建築物」。

社區建築師

社區建築師可為社區居民提供「建築物使用管理」、「違章建築處理」、「公寓大廈管理維護」等諮詢項目，同時也可提供規劃、設計、檢查、簽證等服務，除了為民眾解答室內裝修與相關法規的疑難雜症，也可代辦多種行政業務。社區建築師名單可向各縣市的建管處查詢。

老屋老歸老，
但公設比大、既有合法違建可修繕、
部分整修還能有補助
要如何善用這些優勢，
就是大家要筆記的地方！

20、30 年以上的老屋最麻煩的地方就在於「沒電梯」，
一旦打算住個 10 年以上，你老了，你的父母也老了，
原本可以健步如飛的爬樓梯，也漸漸覺得吃力，
想要換房子，但又無法負荷高額房價，不如就從老屋本身重新裝潢下手。
政府的都更計畫有補助老屋整建維修，
拿政府的錢，不僅可以裝電梯、還能替外牆拉皮，有效提升居住品質，
何樂而不為呢？

不過，在申請之前，也要好好說服你的鄰居，
也要大家同意才能開始做喔！

Project
3 善用優勢　現在才知道，老屋獨有兩大優勢

屋雖然在裝修上必須要耗費比較多經費和精神，但老屋本身的坪數實在、低公設比，再加上在整建維護上，享有政府的補助。同時既有的頂樓加蓋、外推陽台，只要是合法的違建，都可保有現況進行修繕，藉此提昇居住的生活品質和安全。

項目		Part 1　老屋整建維護補助		Part 2　既存違建可修繕
施作內容	1	**老屋健檢只有北市補助。**北市政府推動免費的老屋健檢服務，由專業的建築師公會、技師工會等協助勘驗老屋現況。	1	**既存違建修繕，不可大規模重建。**若要修繕只能限於材料的更換，不可打掉重蓋。
	2	**增建電梯和老屋拉皮皆可補助總經費45%。**若房子位在整建維護策略地區內，補助上限甚至可提高到 75%。	2	**舊有違建毀損，不可原樣復原。**一旦違建因天災而受損無法使用時，於法不可申請修復。若擅自修復，則會被視為新違建。
	3	**電梯增建協商不易。**電梯增建的資格必須由全棟住戶同意才行，而且並非對全棟住戶有益，甚至會減少使用面積，通常成功機率不高。	3	**既有陽台外推，可重新裝潢。**需維持外觀樣貌，不可任意拓展面積，若是僅於內部的更換材料，是沒問題的。
可能花費	自費健檢	NT.15,500 ~ 32,000 元不等。	修繕費	依照使用材料、工法而定。
	老屋拉皮	價格不一，依照使用材質、工法而定。		
	增建電梯	以 3 人座為例，建造金額約 NT.300 萬元起跳。		

職人應援團

**新北市都市更新處
處長 王玉芬**

明代設計

推動簡易都更，提高老屋屋主申請意願

為了增進民眾申請都更的意願，新北市都更處提供了「簡易更新」快速的申請程序。若想申請老屋拉皮或電梯增建補助，只要經過全體住戶的 100% 同意，即可申請。另外，即便是全棟住戶中，只有「1 人」想申請補助，只要向新北市都更處申請，就會為之舉辦說明會，讓全體住戶瞭解申請整建維護的程序和內容。

頂樓加蓋修繕，只要提出證明為合法違建即可

若頂樓加蓋的的鐵皮屋因為漏水，想重新修繕。只要在裝修之前，向政府申請審查裝修許可，同時附上為合法違建的證明，即可重新裝修，若想更換新的鐵皮屋頂，則必須使用和原來相同的材料施作。

Check List

☑ 考量重點

整建維護的條件

☐ 申請資格依照各縣市而定。台北市需為屋齡滿 20 年或 7 層樓以下無電梯的合法建物 。新北市需為屋齡滿 15 年以上，4、5 層樓集合住宅始可申請。
☐ 申請時需取得全棟住戶的同意。
☐ 若為自宅的透天厝，不可進行申請。

頂樓加蓋修繕條件

☐ 需取得 1/2 以上樓層區分所有權人（屋主）之修繕同意書。
☐ 需附上建築師或結構技師鑑定的結構安全無虞之安全鑑定證明書。
☐ 公有土地應檢具土地管理機關之使用同意書。

外推陽台修繕條件

☐ 不可影響消防安全以及逃生路徑的安全。
☐ 防盜窗不可超過 50 公分深。
☐ 裝設氣密窗會被視為增加樓地板面積的行為，不可施作。

Part 1　老屋整建維護補助

房屋住久了，會出現漏水、結構等老化問題，往往會影響建物外觀和市容。政府為了提升居住環境品質，加強建物結構與消防安全，以及改善都市景觀風貌的原則下，依照都市更新計畫提供相關補助經費，協助人民辦理，藉此增加人民的改建整修意願。

Point 01
老屋健檢

1 目前僅台北市提供免費健檢服務

老屋結構、老化問題一堆，但是一般人若是想整修，卻又害怕結構出問題，想請專家來勘驗，費用又將近上萬元。因此為了協助民眾暸解自家的建築屋況，台北市政府推動免費的老屋健檢服務，由專業的建築師公會、技師工會等協助勘驗。

要注意的是，免費健檢若額滿，可依現行老屋健檢機制辦理自費健檢。依戶數不同，補助費用從 NT.15,500 ～ 32,000 元不等。

2 三層樓以上的 20 年老屋可申請健檢

目前可以申請健檢的老屋，必須是 20 年以上的三層樓建築，且全棟以住宅為主的戶數需達 1/2 以上，才能申請。

但有些情況下，不可申請老屋健檢。例如：已經申請都更的房子、或是老屋的所有人只有單一屋主，像是自家的獨棟透天厝，就無法申請補助。

3 申請健檢，需通過整棟一半以上的住戶同意

若是老舊大樓本身有管委會，可直接由管委會準備相關資料提出申請。若沒有管委會的狀況下，需要半數以上的住戶都同意申請後，推派一位住戶作代表提出申請。

1

1 老屋健檢申請，需整棟 1/2 住戶同意才行。

台北市申請老屋健檢規範

項目	內容	備註
申請資格	1 領有使用執照且屋齡達 20 年以上（使用執照或營造執照發照日期為準）之民間興建建築物 2 地上 3 層樓以上之集合住宅，作為住宅使用之戶數比例達全棟二分之一以上之建築物。	左列兩項條件都需符合
不予補助的老屋條件	1 已進行都市更新程序的老屋 2 整幢為單一所有權人 3 經公告之高氯離子混凝土建築物（也就是已列管的海砂屋） 4 已申請建造執照者（已進行重建的老屋）	只要符合左列一項條件，皆不予補助
申請人資格	1 大樓管委會 2 住戶代表	住戶代表需取得過半數屋主同意，且應檢附同意之委任書、建物權狀影本或建物登記謄本
申請受理單位	台北市建管處	需臨櫃申請，不受理郵寄送件
受理名額	依公告而定（民國 102 年為 100 名，103 年為 200 名。）	若額滿，可改採自費健檢，政府另有補助部分經費
申請日期	依政府公告	
補助金額	全額補助	

4 五大重點勘驗，並評比列管

關於老屋勘驗，政府將委託台北市土木技師公會、臺北市建築師公會、台北市結構工程工業技師公會、社團法人中華民國建築技術學會進行。健檢項目主要針對結構、防火、逃生、設備及外牆安全等 5 大項，並會個別進行評比。評定結果區分為（A）優、（B）佳、（C）尚可、（D）差、（E）極劣 5 個等級，同時如果健檢結果拿到 D 差、E 極劣的建築，北市建管處會進一步追蹤，尤其針對結構安全、防火等極需注意的部分，會請屋主再找其他機構詳細評估改善，

老屋健檢項目

老屋健檢項目	健檢項目	分項級別判定				
項目	分項	（A）	（B）	（C）	（D）	（E）
結構安全	耐震能力初步評估					
防火安全	防火區劃			✔		
	裝修材料			✔		
	防火管理			✔		
避難安全	出入口			✔		
	走廊通道			✔		
	直通樓梯			✔		
	緊急進口			✔		
設備安全	電氣設備				✔	
	消防設備					✔
	昇降設備				✔	
外牆安全	外牆構造			✔		
	外牆附掛物				✔	

資料來源：台北市建管處（http://www.tccmo.taipei.gov.tw）

5 健檢後若需改善，將可獲得修繕補助

一旦健檢過後，發現老屋的結構、防火等問題嚴重，政府將會進行追蹤之外，老屋屋主也可申請整建維護的補助經費，使老屋問題獲得積極改善。

1 若評測出結構、防火出現嚴重問題，可獲得補助改善。

圖片提供 © 相即設計

Point 02

外牆拉皮補助

2 大樓外牆透過拉皮解決磁磚剝落、滲水問題。

1 老屋為何需要拉皮

A 解決滲水問題

老屋外牆容易出現磁磚與窗框防水膠老化、磁磚與窗框填縫老化、磁磚含水率高易脫落及外牆結構裂縫造成滲水等問題，這些問題容易衍生房屋結構上的狀況，例如牆壁滲水、壁癌及漏水，處理外牆更新時，也能一併處理這些問題。

B 解決磁磚掉落問題

一般老舊大樓外牆磁磚多半已經有脫落的現象，這樣的

2

攝影 ◎ 蔡宗昇

問題如未妥善處裡，磁磚掉落時砸傷住戶，或是行人及車輛，則大樓管委就必須負責傷亡、損失賠償，及相關委員須負刑事責任。因此，外牆磁磚全面換新是勢在必行。

2 老屋拉皮後的優勢

A 提高建築物質感

明星地段的舊屋因生活機能便利等優勢，經過新時代的設計概念與新建材更新，則能大幅增加建築物本身的價值，進而拉進與新成屋價格的差距。

B 不動產價值升級

好地段加上新建個案，房價每坪 NT.60 萬元起跳，甚至 NT.80 ～ 100 萬元以上，而同一地段中古屋的行情卻因「屋齡較久」、「外觀老舊」、「地震脫落」等因素而價值幾乎是新屋個案的 5 折。以藍天凱悅大樓為例，民國 94 年裝修前每坪房價約 NT.40 ～ 45 萬元，外牆修繕完成後成交價約 NT.55 ～ 60 萬。至民國 99 年更高了。

3 拉皮費用估算

一般拉皮費用採外牆表面積計算，費用公式如下：

外牆建材數量＋連工帶料＋搭設鷹架或使用施工平台工程費用＋其他燈光、人行道等工程費用＝裝修總金額

裝修總金額／坪數＝每坪單價

外觀重整建材參考價目表

項目	費用
外觀飾材 採用平磚搭配山形磚	連工帶料（含防水施工）費用約 NT.10,000 元／坪。
大理石飾材 （蛇紋石、黑雲石等）	一才（30cm×30cm）約 NT.250 ～ 500 元，約 NT.9,000 ～ 18,000 元／坪（單材料不含施工）。
花崗石飾材	一才（30cm×30cm）約 NT.200 ～ 450 元，約 NT.7,200 ～ 16,200 元／坪（單材料不含施工）。
外觀飾材採用花崗石	連工帶料費用約介於 NT.10,000 元／坪～ 20,000 元／坪。

※ 以上為參考價格，需依實際市場行情而定。

4 住戶分攤費用，以「每坪單價」計算或以「坪數占比」計價

一旦要進行外牆拉皮，費用就必須由全體住戶分攤，而究竟每戶該分攤多少費用，依照計算的方式會有所不同。一般可分成以「每坪單價」計算和以「坪數占比」計價。其中計算的坪數以住戶室內所有權狀的坪數為準。

A 每戶住戶分攤總費用（坪數占比）

（區分所有權人室內所有權狀坪數／大樓區分所有權人總所有權狀坪數）× 總工程費

B 每戶住戶每坪分攤費用（每坪單價）

每戶住戶分攤總費用／住戶室內所有權狀（坪）

5 拉皮費用高昂，降低住戶裝修意願

因為外觀拉皮牽涉到的並不只有一戶，需要與同棟鄰居們事先溝通，並徵求所有住戶同意、共同分攤費用才行。分攤後的費用，每戶可能需要數萬元之間，視選擇的材料而有所差別。

其實考量預算問題，就算有大部分的住戶願意，也會有少數住戶覺得不值得，尤其是老公寓型式的老屋，因為沒有管委會統籌，再加上每個人的裝修意願和經濟程度不同，難以達成共識，所以通常容易不了了之。

6 政府補助經費，提高住戶自主裝修

基於外牆拉皮費用高昂，政府為了鼓勵民眾自主進行老屋更新，提撥預算補助整建維護經費，補助的額度和條件依各縣市有所不同，建議可向各縣市的都市更新處詢問。

雙北市申請老屋拉皮補助條件比較

	台北市	新北市
申請資格	1 屋齡滿 20 年或 7 層樓以下無電梯的合法建物 2 經老屋健檢評估為需整建維護之建築物（不設限樓層高度）	1 屋齡滿 15 年以上，4、5 層樓集合住宅 2 住宅需位於都市計畫內的合法建築物
補助額度	1 總經費 45% 為原則，若房子位在整建維護策略地區內，補助上限甚至可提高到 75% 2 上限不得超過 NT.1,000 萬元 3 外牆修繕單價補助，原則以 NT.3,500 元／㎡為上限	1 總經費 50% 為原則，若在整建維護策略地區內，補助上限甚至可提高到 75% 2 上限不得超過 NT.1,000 萬元
政府申請窗口	台北市都發局	新北市都更處

7 拉皮補助金額，會因有無違建有所降低

想申請外牆拉皮的老屋，若在外牆有裝設違建，像是鐵窗等。在審查的過程中會因為違建的比例和數量，而酌情減扣補助額度，最多會扣到 15%。意即為，若老屋違建多，在申請上可能會較難通過，即便通過後，也會降低補助額度。

8 針對磁磚掉落問題，台北市另有補助計畫

由於許多大樓的磁磚掉落問題嚴重，因此台北市另外針對外牆剝落，提出修繕補助計畫。

補助對象為屋齡達 10 年以上的合法私有建築物，且磁磚剝落的外牆是面臨人行道的，嚴重危急行走安全的狀況下。台北市政府將會補助「吊車費」及「外牆飾面施作費」兩項費用，採實支實付，最多以 NT. 4 萬元為限。

外牆飾面剝落修繕補助

項目	內容
補助對象	屋齡達 10 年以上之合法私有建築物，面臨道路或無遮簷人行道之外牆飾面剝落影響公共安全者為限（剝落位置非面臨道路或無遮簷人行道者不予補助）。
補助項目	分為「吊車費」及「外牆飾面施作費」兩項費用
補助費用	採實支實付，每案補助以 NT.4 萬元為上限。 1、吊車費：5 樓以下補助 NT.1 萬元；6 樓以上補助 NT.2 萬元。 2、外牆飾面施作費：補助單價 NT.2,000 元 / ㎡，基本補助 NT.5,000 元
申 請 人	公寓大廈管理委員會主任委員或管理負責人，未成立管理組織者，得推派區分所有權人 1 人代表，整棟申請。
限制條件	施作時應以該棟建築物面臨道路之外牆剝落飾面全面檢視，不得為特定或局部之修繕。另單一所有權人或已重新申請建造執照者，亦不予補助。
受理單位	台北市建管處營建科

Point 03
增建電梯補助

1 老屋為何要安裝電梯

沒有電梯的老舊公寓，對於年長者和有嬰幼兒的父母，其環境條件不利居住。老年人年紀大，膝蓋常常無力，無法攀爬高樓層，甚至對於只能坐輪椅的年長者來說，更是非常不便。而對有嬰幼兒的父母而言，老屋的樓梯通常都陡峭或寬度不夠，搬運娃娃車相當費力。新增電梯後，就能解決上下樓梯的困難，省力又省時。

攝影 © 蔡竺玲

1 老屋增設電梯，有效改善年長者的居住品質。

2 有機會從公寓變成電梯華廈，房價翻倍上升

老屋一旦新增電梯，不僅便利內部的住戶，也有機會從公寓升格成電梯華廈，有效提升房屋使用價值，房價也可能因此大漲，成長幅度可利用實價登錄預測，可針對當區電梯華廈的房價去做估算。

3 電梯裝設方式，內裝或外掛

老舊公寓多半有前院或後院，可透過外掛方式增設電梯，或是將原有樓梯空間挪部分用作電梯空間，再外推一些空間即可加裝。
而電梯的安裝面積，最少需留出 150×150 公分的面積（3 人座的電梯），且安裝的位置也需要協調，常常會有協商不成的問題，而導致最後無法新增電梯。

A 電梯內裝

若電梯內裝在建物內部，須打掉內部樓板，加強建物結構，同時申請雜項及變更使用執照。由於一旦打掉內部樓板，居住空間會因此縮減，有些住戶不願意犧牲，安裝的意願也就不高。

B 電梯外掛

電梯除了可以內裝，也可以裝設在大樓外側，但裝設在外側則必須要有足夠的法定空地。一般來說，大樓外的法定空地可能早已被一樓住戶作為車庫使用，再加上一樓本身也無搭建電梯的需求，要如何說服一樓屋主拆掉自身使用的空間，實為協商的一大難題。

新店區增建電梯補助成功案例平面圖

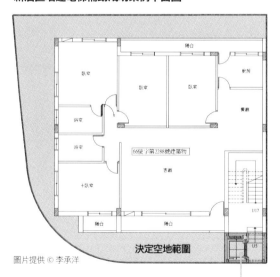

圖片提供 ⓒ 李承洋

裝設電梯的位置位於外側，
須安裝在建築線內的法定空
地內，不得超出。

新店區增建電梯補助成功案例完工示意圖

圖片提供 ⓒ 李承洋

採取電梯外掛的方式。

4 新建電梯的費用

電梯的費用，會依照建築條件、選擇電梯的機型和施工方式有所不同。

電梯機型	3 人座	6 人座	8 人座
尺寸	車廂空間 90×120cm，最小升降路尺寸約 150×150cm	車廂空間 100×120cm，最小升降路尺寸約 160×170cm	車廂空間 150×150cm，最小升降路尺寸，約 210×220cm
電梯安裝、施工及設計監造費用	NT.315 ～ 375 萬元	NT.345 ～ 420 萬元	NT.360 ～ 440 萬元

資料來源：新北市都更處

5 政府補助最高可達 75%

增建電梯的補助與老屋拉皮的補助額度、條件都相同。
若老舊公寓是位於整建維護策略地區內，最高補助上限為 75%；若非策略地區，台北市最高補助 45%、新北市最高補助 50%。總補助金額上限不得超過 NT.1,000 萬元。

6 申請電梯補助案例少的原因

A 並非所有住戶都有需求

即便政府有列預算補助，但雙北市通過電梯補助的案例實在是少之又少，其原因大多是住戶共識難以達成。
以一棟 5 層樓的公寓來說，最需要裝設電梯的樓層是 4、5 樓，對於 1、2 樓的住戶而言，在實質使用上來說，裝設電梯並未對他們有益。再加上要裝設電梯，必須要留出空地，不論是內建或外掛，都會犧牲到住戶使用的坪數，因此裝設意願和條件通常難以協調。

B 費用分攤比例問題

即便，全棟住戶都同意裝設，但費用的分攤也需要各住戶自行協商。一般來說，裝設電梯後，除了安裝費之外，也有每年維修電梯的費用，出資比例要如何讓每個住戶都同意，則是需要很長一段時間的協商。甚至可能會發生已經簽署同意書，但要付款時，有可能有住戶反悔的風險。

1 電梯外掛，大樓外需有足夠的法定空地可以使用。

政府整建維護的補助項目一覽

類別	評估指標	補助項目	備註
一、建築物外部	公共安全	1 防火間隔或社區道路綠美化工程。 2 騎樓整平或門廊修繕工程。	申請騎樓整平補助項目時，至少以一完整街廓（路段）為原則。
	環境景觀	1 無遮簷人行道植栽綠美化工程。 2 無遮簷人行道舖面工程。 3 無遮簷人行道街道家具設施。	
	其他	經委員會審議通過並經本府核定者。	
二、建築物本體及內部	公共安全	1 供公眾使用之防火避難設施或消防設備。 2 供公眾使用之無障礙設施。	註1：含鐵窗及違建拆除費用。 註2：建築物外部門窗修繕工程，至少以一棟建築物為原則。
	環境景觀	1 公共走道或樓梯修繕工程。 2 通往室外之通路或門廳修繕工程。 3 陽臺或露臺綠美化工程。 4 屋頂平臺綠美化工程。 5 建築物立面修繕工程（含廣告招牌）。註1 6 建築物外部門窗修繕工程。註2	
	機能改善	四、五層樓之合法集合住宅建築物增設昇降設備。	
	其他	經委員會審議通過並經本府核定者。	

資料來源：新北市都更處

常見糾紛 Q & A

Q. 全棟住戶都同意要新增電梯，結果有人反悔，可以嗎？

好不容易一至五樓的住戶都答應要自費裝設電梯，也簽署同意書了，但最後二樓屋主不願意付錢？這份同意書是否有強制力，讓他乖乖付出來嗎？

A. 同意書有法律力，可強制執行。

同意書內容若已寫明經過全戶同意要新增電梯，也寫清楚各戶分攤費用的比例，這份同意書就有法律的強制力，可強制讓二樓屋主執行，不得反悔。

倘若，同意書中未寫明各戶的分攤費用，二樓屋主可針對費用提出疑義，不付費也是合理的，故無法強制他付費。

Part 2　既存違建可修繕

原本的陽台、頂樓、一樓空地若納為己有使用，另外加蓋便視為違建。但早年有很多人買到的房屋，就已蓋到滿了。過了多年房屋老舊，漏水、老化的狀況持續不斷，這些既有增建究竟可否修繕？能夠修繕到什麼地步？這章將為你說分明。

Point 01
法源依據

1 既存違建修繕，不可大規模重建

「臺北市違章建築處理要點」規定，民國84 年1 月1 號以前的頂樓加蓋或陽台外推是屬於既有違建，被列為「緩拆」，原則上不會拆除。

但若要修繕，首先必須先經建築師或結構技師簽證，證明結構上沒有問題，而修繕僅限於材料的更換，而若有其他修建或重建的行為均屬違法，一律視為違建。

2 既存違建修繕，要向主管機關申報

由於既存違建雖不合法，但主管機關以「緩拆」的方式來處理既存違建。你在施工之前要先注意只能修繕、不能重建。任何新建、增建、改建或加層、加高擴大建築面積之修繕行為都是違法的。

另外，如果你的裝修屬於修建，那麼應該符合以下幾個規定：

1. 應檢具直下方二分之一以上樓層區分所有權人（屋主）之修繕同意書（不含修繕人本身樓層）。
2. 屋頂或露台應檢附建築師或相關技師簽證結構安全無虞之安全鑑定證明書。
3. 公有土地應檢具土地管理機關之使用同意書。

1 頂樓加蓋只能修繕，不可重建。

3 陽台不可妨礙逃生

若為中古屋裝修，而屋況現狀為陽台已外推，那麼在裝修時務必注意不可影響消防安全以及逃生路徑的安全，因為陽台被設定為逃生空間，因此除了要維持路徑暢通外，也不可將設備或設施，如廁所、廚房設備等擺置於陽台上，影響逃生安全。

4 台北市、新北市新建物的陽台上不可加裝鐵窗

台北市、新北市對於安裝鐵窗有嚴格的規定，民國 95 年以後新落成的建築物，一律不可裝設，如擅自在陽台上加裝鐵窗，會因為被視為增加樓地板面積而被視為違法行為。

2 95 年以後的新建物，不可加裝鐵窗。

Point 02
頂樓加蓋的修繕

1 先經過結構技師鑑定

頂樓加蓋若有修繕行為必須請結構技師進行鑑定，確保結構上的安全無虞，且必須有建築物結構安全簽證以及既有違建證明才可進行修繕工程。

要如何證明是既有違建的修繕呢。若買屋的當下，便和前任屋主確認既存違建是建於民國 83 年年底前，並於合約上註明外，自己也拍照存證，證明非自己新增的違建。日後一旦有修繕的需求，就能依法申請。

3 購買老屋時拍照存證，非自己搭建的違建，之後若有修繕的需求，即可提出證明。

2 若既有建材已難尋，可替換法規許可的建材進行修繕

由於既存違建的修繕只能限於材料的更換，若是以前使用的搭建材料，目前已經停產，只要選擇法規內規定的建材即可。原則上只要不使用鋼筋混凝土是沒有問題的。

但修繕前，仍要取得二分之一以上的住戶同意才行。

1　頂加修復需使用原有建材，外觀不可因此而更動。

圖片提供 © 相即設計

3 舊有違建毀損，不可原樣復原

若因天災使得原有的頂樓加蓋遭到毀損，頂樓加蓋的空間等同全部毀壞時，不可以依照原樣修復。

由於所有的頂樓加蓋都是違法的，如果只是進行部分的修繕工作，則在不使用鋼筋混凝土材料進行修繕工程是可以的。但如果既存違建全毀，則不得復建，也就是說，如果你的頂樓加蓋受到嚴重的破壞，則應全數拆除，不可依原貌修建。

Project

3

善
用
優
勢
計
畫
。
現
在
才
知
道
，
老
屋
獨
有
兩
大
優
勢

Part 2 既存違建可修繕

4 新搭蓋斜屋頂，須先舉證確有漏水的情況

由於要在屋頂平台加蓋斜屋頂，需要填寫斜屋頂申請書，因此最重要的是是否可舉證屋頂有漏水的情況，並經由建築師簽證認可。另外在施工時，要注意使用防火材料，屋脊高度不能高於 1.5 公尺。同時也必須留有逃生平台面積，面積不得小於屋頂面積的八分之一。

5 拆掉違建，改建花園是可行的

若想將原本的違建拆除，改建成花園，則花園的建造必須依法規而定。但由於拆除舊違建之後，就不可再有修建的動作，因此日後若要再搭斜屋頂防漏水，需依照法規以屋脊 150 公分為上限。

另外，若要在頂樓作庭園，首先是要樓下的住戶簽署同意書，再來是結構只能以竹、木或輕鋼架搭建沒有壁體，且頂蓋透空率在三分之二以上的花架，面積在 30 平方公尺以下。另外，高度不得超過 2 公尺，否則會被視為違建。

6 頂樓加蓋不可重新改建為套房

依照法規，由於將原有的頂樓加蓋隔間成小套房出租，影響大樓的結構而危害公共安全，且此工程變成違章建築的重建，違反違章建築處理要點，也不可有擅自擴大面積或加高的情況。因此不管住戶或管委會會不會申告，台北市工務局也可以列入優先執行查報拆除。

攝影 © 楊宜倩

2 頂樓加蓋若另裝修成套房，會隨報隨拆。

7 屋頂不可裝設欄杆

若想在頂樓裝設欄杆防止小偷入侵，即便是因為安全的問題，屋頂平台高度仍然不可因任何理由擅自變更。雖然此舉是為了全體住戶的安全，但遺憾的是，在屋頂的既有欄杆或是牆上增加高度是不可以的，主管單位可即報即拆，所以建議屋頂的平台上勿裝設欄杆。

Point **03**

外推陽台的修繕

1 陽台不可任意外推，也不可配置重要設施

以台北市現行的最新規定而言，陽台是不可隨意更動的空間，因此外推均屬違法的行為。另外就算是買到的房屋原本已有外推的陽台，也要注意在空間的設計上是否位於逃生路徑，因為依照法規，陽台空間不但不可妨礙逃生路徑，同時也不可有重要設施配置於其上，若有妨礙的情況均算違法。

圖片提供 © 孫國斌空間設計

1 陽台不可放置太多雜物，以免妨礙逃生動線。

2 已被查報的外推陽台，不可進行裝修

若要進行外推陽台的修繕，就得先了解原有的房屋是否曾被查報。如果沒有，那麼在申請裝修執照的時候，可先拍照存證，告知主管機關所購買的房屋現況如此，並非後來才裝修。

一旦曾經被查報，則實為違章建築，室內審查裝修是不會通過修繕的許可，必須隨報隨拆。

3 若陽台已設置廁所，再次裝修時不可維持原樣

由於陽台外推已屬於既有違建，在申請室內裝修審查許可時，如果陽台空間仍維持廁所的配置，那麼在申請時圖說會因為原本的設計不合法規而被駁回，因此若要重新裝潢，務必要將廁所拆除才可以。

4 防盜窗不可超過 50 公分深

根據台北市違建查報原則第四條，外緣裝設防盜窗其淨深未超過 50 公分，且未將原有外牆拆除者，暫免查報。

只要沒有拆除原有外牆，若想拆除原有鐵窗，重新更換防盜窗，且窗戶規格也符合法規，安裝鐵窗防盜是不會有問題的。

5 即便為了防漏，也不可裝設氣密窗

由於裝設密閉的八角窗、氣密窗都屬於外推行為，若是為了防漏，而裝設氣密窗，再加上裝設的位置是位於陽台，此乃違章建築，會被視為增加樓地板面積的行為而被取締，面臨即報即拆的狀況。

6 即便陽台不外推，也不能設置過多雜物

若不外推陽台，而想在陽台設置收納櫃、水池造景等，可能都會妨礙逃生動線。建議最好不要施作。

由於陽台為避難空間不可有設施阻礙。因此陽台的空間僅可簡單地放置盆栽或物品，前提是不影響逃生路徑，若想在陽台上做水池造景或是收納櫃等，如果使用面積過大而影響到陽台原有的功能，恐怕於法不合。

2 陽台設計不要影響原有的逃生功能。

常見糾紛 Q & A

Q. 頂樓加蓋重新裝修明明沒有違法，卻被鄰居舉報？

我想將頂樓加蓋的房子重新裝潢當兒子的新房，對面的鄰居卻告訴我不可以重新裝潢，要舉發我違建，真的不可以裝修嗎？

A. 頂樓加蓋空間可依法重新裝潢。

如果你的重新裝潢指的是將頂樓加蓋重建，那麼依據法規自然是不可以，因為頂樓加蓋若為民國 83 年底以前就有的，是屬於列為緩拆的違章建築。依照法規可以重新修繕，但不可以重建，若你只是重新裝潢，且規格都無違法之處，那麼是沒有問題的。

漏水、老化、結構損壞⋯⋯
這些都是老屋最惱人的問題，
施工時，一定要徹底解決，
才能一勞永逸，再住 20 年都沒問題

一般細微的漏水，可能抓個漏就會恢復原狀，
最怕的是，一抓再抓，還是漏不停，
這時就需要敲開結構，尋找漏水的源頭，
止漏後，再仔仔細細重新施作防水層，有效隔絕滲水情形。

樑柱的裂痕一旦是斜向 45 度角的話，有很大的可能是結構已經受損，
要立即找建築師或結構技師前來勘驗，避免哪天地震就塌了。
窗框發生歪斜，也可能是結構發生問題的警訊，
先確認結構沒問題後，再重新立窗框。

因此在裝修時，要仔細施工，健全老屋體質！

Project

4 隱憂整修 不得不謹慎，老屋必解決的五大問題

老屋因爲年月已久，整體設備、結構逐漸老舊，許多惱人問題也就浮上檯面。像是結構受損產生裂縫，水氣就趁隙而入，形成漏水問題；管線設備有一定的使用年限，時間到了，也該及時更換。只要及時解決、對症下藥，老屋壽命自然也就能延長，再住 20 年也沒問題。

項目		Part 1　漏水		Part 2　管線老化
施作內容	1	**有裂縫要小心，漏水就從這裡來。** 因地震、施工不良而產生的裂縫，雨水往往會從這裡滲入，通常會利用高壓灌注的發泡劑填補細縫。	1	**鐵製水管易鏽蝕。** 早期皆為鐵製水管，容易生鏽，應即時更換，避免影響喝的安全。
	2	**水管破裂，要更換需打牆。** 水管破裂所造成的漏水一時間無法及時發現，要根治的辦法就是找到漏水源頭，敲除牆面重新更換水管。	2	**電線壽命最多 15 年。** 15 年以上的中古屋，應要全面更換電線，避免電線老舊，負荷量過高，導致走火的危險。
	3	**壁癌要根治，只能拆除牆面。** 牆面富含太多水分容易造成壁癌，因此需重新敲掉有問題的牆面，直到見紅磚，重新塗上防水層，才能一勞永逸。	3	**瓦斯管線定期更換。** 瓦斯管線要定期勘驗是否有漏氣破洞的問題，約 2 年左右要更換。
可能花費	抓漏費	依個案而定，材料和工法的選擇也會影響價格。	全室換管	依水管、電線的長度、數量等計算，30 坪的房子連工帶料約 NT.20 萬左右。
	處理壁癌	牆面拆除，約 NT.1,500 ～ 2,000 元／坪；防水層施作，約 NT.2,000 元／坪；水泥打底約 NT.2,500 元／坪	總電箱	一組約 NT.15,000 元

 職人應援團

馥閣設計
黃鈴芳

樑柱、天花問題，往往拆除後才發現

若老屋是有裝潢過的，天花、樑柱被木作包覆，難以確認樑柱是否有裂痕、天花是否有鋼筋外露等問題，往往都要等到拆除後才能發現。因此，一旦確定老屋要進行裝修，若是請專業的設計師協助，在工程上還需加上修復的費用，要有增加預算的心理準備。

演拓空間室內設計
張德良

窗框變形，重新立框

一旦老屋牆面變形，導致窗框隨之歪斜的話，建議拆除整個窗框，並重拉水平後安裝新的框。要注意記得在窗框上方上眉樑，以穩固結構。同時窗台要抓傾斜角度，不讓窗台有積水的情形。

Part 3 不良格局

1　思考生活習慣。 考慮家人的生活習慣、動線去安排格局才是最恰當的。

2　順應格局，光線和風自然湧入。 規劃格局時注意採光和氣流的走向，便能安排出舒適的生活空間。

裝潢費 老屋的基礎工程做到好，每坪抓 NT5～8 萬元較合理。

磚牆隔間 更動格局的話，需重新施作隔間，以磚牆為例，約 NT.5,500 元／坪。

Part 4 結構損壞

1　注意樑柱的裂縫走向。 若為裂痕的走向和發生位置能判斷是否會危及整體結構安全。

2　鋼筋外露，先除鏽再修補。 解決鋼筋生鏽的源頭後，進行除鏽，外層再包覆補平。

3　考慮老屋的樓板承重。 老屋的樓板相對都較薄，在載重的部分要考量施作的隔間是否會太重。

結構鑑定 依個案而定，平均一戶約 NT.3 萬元左右。

Part 5 設備不堪使用

1　浴室加增暖風機。 老屋浴室通常無採光、通風又差，建議可增加暖風機加速乾燥，有效減少濕氣。

2　更換老舊空調。 空調設備壽命有限，不僅使用效能會持續降低，且耗電量大，建議更換為佳。

3　水塔更新。 長期日曬，容易老化，建議約 7～10 年換一次。

空調費 包含安裝費和本身冷氣機器費用。若要牽管線洗洞，則費用會再提高。

水塔費 依材質、水塔容量而有不同，連工帶料多以 NT.10,000 元起跳。

Part 1　漏水

漏水是老屋最常見的問題之一，造成漏水的問題不外乎結構受損、防水層失效、水管管線破裂等。一旦沒有處理好，可是會一直復發，反而傷財勞力。因此，要先找出漏水原因，才能有效治本，延長老屋壽命。

Point 01
戶外防水：頂樓、外牆、窗戶

1 外牆有裂縫，一下雨就遭殃

通常只要下雨天就會發現雨水滲入的話，大部分的原因都出現在大樓牆面、窗框四周有縫隙，水從縫隙滲入，沿著水管或電線管路移動，一旦不盡快處理，久而久之，雨水會和鋼筋、混凝產生變化，水泥就會崩離，影響結構的安全。

產生裂縫的原因有很多，地震拉力、施工震動、外牆有爬藤植物根部深入結構等等。

2 外牆或衛浴空間釘掛物品

防水層是緊貼於結構體上。有些大樓外牆釘掛廣告招牌、浴室內部要吊掛五金，為了要固定這些物體，必須在房屋原有的結構上面鑽洞釘螺絲，一旦打入就會破壞內部的防水層。若是在打入的同時並未做好防水措施，水氣就會沿著孔洞滲入，因此不可不謹慎。

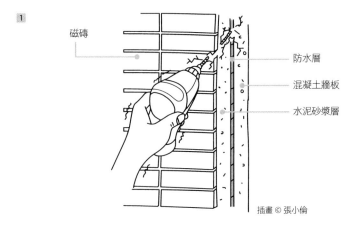

1

磁磚

防水層

混凝土牆板

水泥砂漿層

1 壁面鑽孔勢必會破壞到防水層，需做好善後的防水處理。

插畫 © 張小倫

3 屋頂地面老化，防水層遭破壞

屋頂地面的防水層上方會再鋪上一層保護層，保護層的材質多半是用泡沫水泥，有的是用隔熱磚，有的是打混凝土或磨石子，有的則鋪設磁磚或大理石。不僅是哪種材質，經過強烈的日照、高溫、雨淋，時日一久，地面的磁磚或柏油容易老化、脆裂，屋頂地面產生裂縫，防水層遭到破壞，雨水就會滲透進來造成下方樓層漏水的情形。

4 防水層未做確實

屋頂、外牆，甚至窗框周遭都需做好防水工程，確實塗上彈性水泥，外牆磁磚表面塗上防潑水塗料，避免。同時若未掌握良好的施工品質，像是窗框填縫施工未做好；鋪上屋頂磁磚，水泥砂漿調和比例不對，都有可能產生裂縫，即便做了防水層，也是枉然。

5 牆面植筋以 EPOXY 防堵滲水

外牆招牌的固定是採取植筋的做法。植筋工法的施工過程比較費工。首先在外牆鑽出小洞後；再用小刷子把整個洞刷乾淨，或用強風將洞穴裡的粉屑給吹乾淨；接著填膠進去再植筋；植筋完畢後，整個表面還要再清乾淨，然後等待膠體乾燥、硬化。

植筋膠的「膠」，其實就是補漏系防水材的 EPOXY（環氧樹脂），將EPOXY 填充在新鑽的洞裡，再放入螺桿（植筋）。當 EPOXY 硬化之後，整個被植筋膠給包住螺桿也就被固定在外牆結構體了；接著，就可以用螺帽去固定招牌看板等物；而且，被破壞掉的防水層，也因為先前鑽的洞被 EPOXY 填滿而獲得修補。

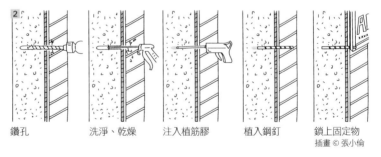

2 壁面鑽孔勢必會破壞到防水層，需做好善後的防水處理。

| 鑽孔 | 洗淨、乾燥 | 注入植筋膠 | 植入鋼釘 | 鎖上固定物 |

插畫 © 張小倫

6 窗框邊緣常滲水

窗台是最容易發生滲水、壁癌的地方，這是因為窗台和牆面的交接處一旦有外力拉扯、間隙材料老化等等，交接處容易產生縫隙。另外，窗台牆面通常會直接迎風雨，若是窗台牆壁未做好防水。下雨時，雨水便容易從窗台縫隙滲水至室內。以下將列舉出常見的漏水原因和改善方法。

A 外牆防水未做確實，或未塗防水劑

建議在外牆重新塗上防水層，讓雨水不滲漏。

B 窗緣間隙的矽利康老化脫落或龜裂

可重新填補矽利康，加強窗框四周的防水。

C 窗緣水路未確實填滿，牆內形成空隙，久而久之遇雨就滲水

從裂縫處灌入發泡劑，發泡劑會自動膨脹填補空隙。

圖片提供 © 演拓空間室內設計

圖片提供 © 演拓空間室內設計

1 + 2 打入發泡劑之後，需觀察藥劑，若已從另一側冒出，則表示打入的量已經足夠。

D 窗緣下方的洩水坡度沒有做足，讓積水滲入

窗台下方應有做出洩水坡度，讓水導出，此時需重新施作窗台。

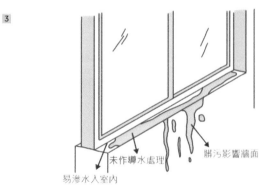

未作導水處理

髒污影響牆面

易滲水入室內

3 大雨過後易有積水，孳生蚊蟲並形成骯髒死水；積水容易滲入室內或腐蝕木質窗框；再次下雨時，骯髒的積水滿溢出來，污染外牆。

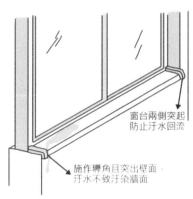

窗台兩側突起防止汙水回流

施作導角且突出壁面，汙水不致汙染牆面

4 雨水直接流下，不會累積在窗框外側，也不會因此滲入室內。

7 結構性的窗框歪斜，打掉重做

一旦牆面受力歪斜，窗框也會隨之傾斜，此時窗框和牆面的接縫處就會變大。因此，建議在這種情況下，直接打掉窗戶，並連同外框周遭的舊有填縫水泥沙漿和牆面上的磁磚等表面層也一併敲掉。通常約莫敲掉 10 ～ 15 公分的寬度，一定要敲到結構層，以便重新作防水層後，再拉窗框的水平、立框。

另外，若外牆的窗框左右或下方有壁癌，代表牆壁已有裂縫故導致滲水。即使外表看不出來，治本的作法仍是得敲開牆壁、重新立框。

5 出現壁癌或結構性的歪斜，治本的作法就是敲除牆面至見紅磚，重新立窗框。

圖片提供 © 馥閣設計

8 外牆防水，從屋頂開始就要防

屋頂的防水層位置即為樓板的結構體與表面材的鋪面層之間。當我們走到屋頂時，腳下所踩的水泥磚塊、泡沫水泥面或是磁磚面，都只是防水層上方的保護層。在建築結構完成後先鋪上防水層，之後再以表面材覆蓋，如此才能加強防水效果並延長防水層的壽命。如果沒有表面材的保護，基本上就是錯誤的設計。

此外，除了在地面塗上防水層，一般在女兒牆及地面轉角的立面處，也需做高 20 公分以上的防水，整體無接縫的防水施作，才能達到最佳的效果。

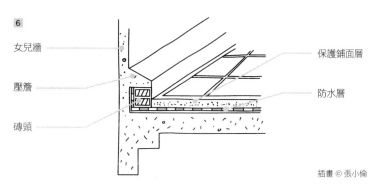

6 屋頂地面塗上防水層後，再鋪上磁磚、地墊保護，同時在四周的女兒牆也要塗上 20 公分高的防水。

女兒牆

壓簷

磚頭

保護鋪面層

防水層

插畫 © 張小倫

9 屋頂防水工法種類

不同的屋面現況，適合不同的防水工法。台灣較常見的屋頂防水工法，約有以下幾類。

A 瀝青防水

使用人造瀝青材料來做防水層，即一般稱呼的油毛氈類工法。

B 薄片防水

使用合成橡膠、合成塑膠等薄片材料，以底油、黏著劑裱貼形成防水層的工法。

C 塗膜防水

使用一劑型或二劑型液態的防水材料，塗抹並裱貼合成纖維不織布等補強抗張力。

D 水泥防水

水泥砂漿摻入防水劑，或將水泥混合高分子聚合物，透過材料的化學作用來改善水泥漿體的物理性，達到防水功能。

其它尚有水密性混凝土、填縫劑、止水帶等作法。防水的工法、材料不斷推陳出新，很難一一比較優缺點。選擇時，須由建築師或專業廠商，依個別案例的屋頂形式、用途、有無後續施工、基地所在環境等等來綜合評估。

常見的屋頂防水工法比一比

工法	優缺點
瀝青防水 （分成熱工法與冷工法）	1 若能精密施工，防水效果甚佳。 2 熱工法在加熱瀝青時要注意防火，並且避免熔解爐的高溫損害樓地板。 3 冷工法更安全、更易施工，但冷作瀝青價格高昂。
薄片防水	1 若防水層破損，不易檢修。若沒處理好薄片之間的接合處，容易導致漏水。
塗膜防水	1 價格上相對低廉，但有的成分容易龜裂，有的則是難以掌握其防水效果
水泥砂漿	1 防水層至少厚 2 公分以上 2 分 2 次以上塗刷且每次塗刷厚度越薄，防水效果越佳。

10 外牆縫隙，修補拉皮最實在

想要解決外牆縫隙滲漏的問題，最好的方法是外牆全部重新拉皮，但這方法不僅需耗費大量金錢，也需要全棟住戶的同意，較難實行。因此大多消極的從室內做好防水層，雖然效果大打折扣，卻也可以減緩漏水的問題。

A 從戶外防堵

在外牆表面塗抹透明撥水劑，可以達成短暫的防水效果，並不是永久的處理方式。若是受潮嚴重的牆面，最好的方式即是拆除瓷磚、重新粉光後，鋪上防水層後，再重新貼以瓷磚，才是最佳的解決方式。

B 室內防堵

在已經出現防水漏洞的外牆內側施作防水層，由於外牆還是飽含水分，效果當然沒從外牆表面開始做防水來得徹底。

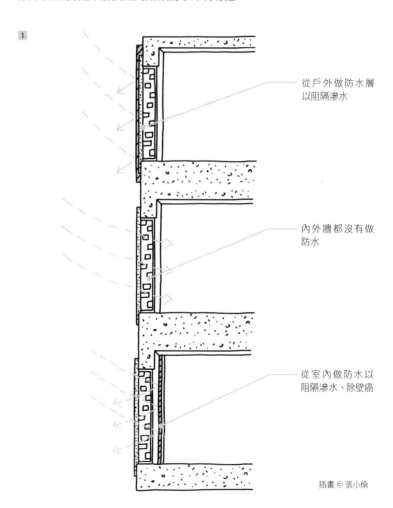

1

從戶外做防水層
以阻隔滲水

內外牆都沒有做
防水

從室內做防水以
阻隔滲水、除壁癌

1 外牆處理的方式可從戶外、室內分別進行防水。

插畫 © 張小倫

11 屋頂漏水太嚴重，加蓋屋頂防治

若因漏水問題嚴重，想加蓋屋頂防水，目前已有平屋頂可加蓋斜屋頂的法令規範。但由於規範頂樓加蓋的法令是中央授權地方政府自行擬定，各地方政府法令不同，若想加蓋斜屋頂必須向各縣市的建築管理處詢問相關規定。

加蓋頂樓屋頂可施作的對象和限制如下：

項目	內容
可施作的建築物資格限制	1 5 層樓以下、20 年以上的老屋。 2 經專業技師證明漏水問題嚴重的。
屋頂尺寸	1 從屋頂地面算起，屋脊高度不得超過 150 公分。 2 屋頂外緣不得超出女兒牆。
使用材料	非鋼筋混凝土材料（含鋼骨）及不燃材料。
設計限制	1 四面不得不得有壁面或門窗 2 需留出一定的避難空間，面積應大於屋頂面積 1/8，且不小於 3 公尺。避難空間與樓梯之間需留出淨寬度 1.2 公尺以上的通道。

資料來源：臺北市建築管理處 http://www.dba.tcg.gov.tw

Point 02

室內防水：
衛浴、地板

1 結構交接處最容易發生漏水

不管是 RC 建築、磚造建築或木構造，結構的轉折處、材料銜接的介面（包括異材質相接處、木料與木料交接的地方、混凝土分次澆灌的接縫等），都是外牆最容易發生漏水的弱點，而造成漏水的原因，除了孔縫之外，很多由「毛細現象」所產生。因此，建築防水工程的主要觀念不在於如何做到沒有縫隙，而在於如何阻斷毛細現象。

混凝土建築的漏水部位和原因

位置	原因
門窗	1 門窗外側上方無雨遮等遮蔽物。 2 門窗外側上方沒有做滴水線（溝），雨水往內迴流 3 門窗的氣密性不足，導致強風大雨容易透過縫隙鑽入室內。 4 窗台或門廳地板沒有做排水的洩水坡。
天花	1 管線滲露（廚房、衛浴的排水管線出問題）。 2 防水有漏洞（浴室地板排水沒做好）。 3 樓上積水（頂樓露台積水、樓上衛浴間或陽台積水）。
室內牆	1 管線滲露（牆內的水管破裂）。 2 防水有漏洞（浴室牆面防水層做得不夠高）。
外牆	1 牆體結構有裂痕，導致雨水入侵。 2 牆體結構有蜂窩，導致水泥老化、出現漏洞。 3 外牆防水曾遭到破壞（如，懸掛看板而將釘子釘入牆內，雨水順著孔洞滲入）。 4 冷氣孔沒有做好填縫。
屋頂	1 屋頂排水不良，有積水。 2 屋瓦鋪片與防水結構有漏洞，導致雨水入侵。

窗框下方
漏水

地板滲水

窗框周圍漏水

與浴室共用牆
漏水與壁癌

插畫 ⓒ 張小倫

1 室內最常漏水的區域：
窗框下方、地板、衛浴。

2 牆內水分過高，形成壁癌

造成壁癌主要原因是水氣滲透牆面，長期下來使得水氣、水泥跟空氣產生化學作用，導致牆面漆面隆起、剝落。

而牆面內部含有水分可能有下列原因：

A 建築的材料選用錯誤

應依空間選擇適當的建材，像是衛浴空間濕氣大，選用無法防潮、容易吸濕的建材，則容易發生壁癌、滲水情形。

B 施工未確實

在施工時，如果防水層沒做好，水氣就容易造成滲漏。另外，在施作磚牆隔間時，砌完後需要一段時間等待乾燥。若是為了趕工程、施工未按既定程序，在磚牆水分未乾時就上粗底，水分就會被鎖在磚牆內。時日一長，紅磚吸水造成剝落、產生空隙，使得外部水分有機會進入，便會產生滲水的情形。

C 牆面、天花板產生裂縫

受到外力，使得牆面或天花板出現裂縫，水分得以趁機進入。

2 牆內含有多餘水分，
導致表面浮漆。

攝影 ⓒ 江建勳

3 施工時的震動力，可能會造成裂縫，建議應立即修補。

3 水管因外力或老化而破裂

由於房子的管線大多藏在內壁中，難以掌握管線的走向，因此一旦老化、破裂，一時很難發現，久而久之就會造成室內漏水的問題。不僅要進行換管維修也是一大工程。

另外，當樓上或樓下鄰居在裝修時，可能會不小心挖壞管線，也會造成漏水。

4 衛浴容易從門檻處滲水

衛浴空間是最容易用水的地方，因此基本上，整間都會施作防水。在貼磚前，塗上至少兩層彈性水泥。範圍包含浴廁的地坪及牆面，地坪需全面施作防水層，牆面高度需做到置頂。

即便整間都做好了防水，在門檻處也要特別慎重注意，若門檻未做好斷水的措施，使得水氣滲透進入磁磚，沿著水泥砂漿向外，便容易發現門檻邊緣會有漏水的情形。若剛好是鋪木地板的話，甚至會造成門口附近的木地板翹曲膨脹。

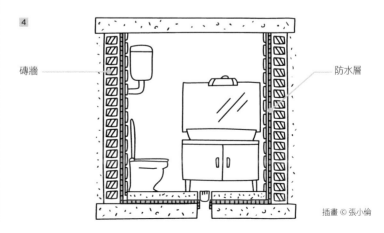

磚牆　　　　　　　　　　　　　　　　　　　防水層

4 浴室防水，需整間施作。

插畫 © 張小倫

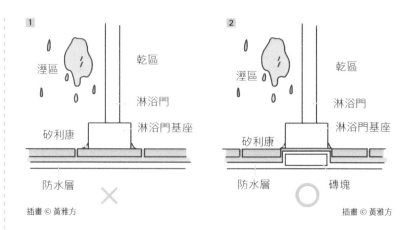

1 淋浴門基座下方未砌磚塊斷水，水氣容易沿水泥砂漿出來。

2 基座下方砌磚，同時在基座的兩側確實塗上矽利康，防止水氣滲漏。

插畫 ⓒ 黃雅方　　　　　　插畫 ⓒ 黃雅方

5 管線漏水，敲開後換管

一旦發現可能是管線破裂所造成的漏水，先找出漏水源頭的管線，再進行更換，，這是最一勞永逸的作法。

但假使漏水管線可能是來自鄰居，且鄰居不願易配合更換。比較消極的作法是先抓漏，並採取「高壓灌注」方式，將防水劑打入漏水的縫隙內，也就是俗語說的「打針」。由於防水劑具有高膨脹的特質，打入壁面後會自動順著縫隙前進，將縫隙填充塞滿，達到止水的效果。

另一種處理方式，就是在表面加上一層抗負壓的防水塗料，宛如形成一個防水膜，不過這種方式在處理壁癌階段還派得上用場，真的有漏水問題，還是得用高壓灌注或找出漏水源頭，才能真正解決問題。

6 一樓地板滲水，防水層有問題

由於地下室或一樓會直接與地面接觸，因此之間需要施作防水層，隔絕地面水氣。若是防水層遭破壞，就會形成地板有水的情形。另外，若地下室的高度低於地下水位，牆面的防水層一定要全面施作，且高度要高於地下水位，通常地下室漏水的原因都是地下水地下水滲入建築所致，因此需謹慎小心。

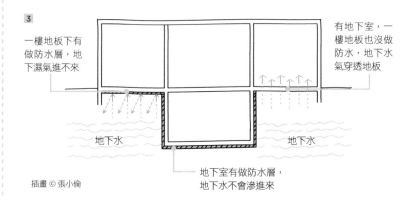

3 地下室的防水層高度，需高於地下水位。

一樓地板下有做防水層，地下濕氣進不來

有地下室，一樓地板也沒做防水，地下水氣穿透地板

地下水

地下水

地下室有做防水層，地下水不會滲進來

插畫 ⓒ 張小倫

常見糾紛
Q & A

Q. 樓上管線破裂，害我們漏水，但也要付一半維修費？！

因為樓上格局更動，管線沒接好，導致我家天花板漏水，樓上住戶卻説因為是共同壁，所以修繕費要一人一半，這樣真的合理嗎？

A. 一般而言，若是樓上本身的裝修工程引起的漏水問題，我方並不需負賠償責任。同時為保護漏水糾紛時的自我權益，建議鄰居裝修施工前，先會在自家拍照存證，證明裝修前並無漏水跡象。此舉可在裝修住戶或是自己家中因施工產生漏水的情況下，同時維護自身權益。

Q. 重新施作外牆的磁磚，還是會漏水？！

家裡住在 5 層樓公寓的 2 樓，因為漏水問題嚴重，決定在去年更換家中的外牆磁磚，但今年颱風一來，又開始漏水，是不是防水層沒有做好？

A. 有可能是防水層沒做好，又或者外牆磁磚只做單一樓層，防水效果不大。

外牆的磁磚一旦不密合，雨水就會從裂縫滲入。老屋最常會遇到的問題是，明明已經做好了自家樓層的外牆防水，但是過沒多久又開始發生漏水，這是因為即便填補了自家外層的縫隙、重新換過磁磚，但是其他樓層的外牆並沒有重換，雨水還是會從其他的縫隙進來，基於水的毛細現象，能沿著物體細縫移動，一樣會造成家中漏水的情況。

建議要根絕外牆漏水的方法，就是整棟大樓重新拉皮，填補好所有細縫。

裝修名詞
小 百 科

打針

指高壓灌注；意即將防水材以高壓灌注的方式來填充牆壁或樓板的裂縫。

彈性水泥

也就是丙烯樹酯。彈性水泥無毛細孔，具有防水的功能。

Part 2　管線老化

水、電在施工和使用上，非常專業也必須注重安全性，由於管線有一定的壽命，一旦老舊無法使用時，若未及時更新，不僅會造成很大的困擾，甚至會發生像是電線走火的危險。因此老屋的裝修，要特別注意管線的更換，才能延長房子的使用壽命。

Point 01

水管，鏽水又破裂

1 鐵製水管，久了有鏽質

20、30 年前的老屋，當時水管都使用鑄鐵管。若從來都沒有更換過管線，由於鐵管年久易生鏽、滲漏，因此可能一打開水，就能感受到水中有鏽味，建議重新更換。

2 連結的公共水管也要更新

若是更換了家中水管，卻發現水龍頭流出的水還是竟然呈現汙黑色的情況，這可能是從水塔到水表之間的管線未更換所造成的，或是水塔本身過於老舊，導致水受到污染。建議先徹底檢查一遍後再行施作。

3 管壁堆積陳年污垢

經過長久的使用，水中的雜質、廢水的油漬等等都可能會殘留在管壁上，可能使得管壁嚴重堵塞，一旦水流量變大，水管就會破裂，當這些循著破裂處流出的水滲透到牆壁、地板時，就會產生漏水問題。

4 排水及給水另外接新管

一般屋齡超過 20 年的舊屋，排水管太過老舊且管壁嚴重堵塞，非但不能排水，甚至還會有冒出水來的現象。而一般供整棟住戶使用的排水管，常會因為一戶不慎堵塞排水，使得低樓層住戶浴室廚房或陽台淹水，所以，重新配管時最好另接新管至地下排水處，並將舊管封住不再使用，如此就不用煩心排水口倒流的情形發生。

5 裝修前檢查排水狀況

陽台、浴室、廚房的排水管容易因污垢囤積，使得排水管管壁變窄，排水功能變得很差，甚至可能在會產生阻塞的現象。因此可打開水龍頭測試排水有無異常，沖沖馬桶看水位是否有比一般水位還高，裝修前也要請供人詳細檢查一下各個排水管的情形，避免裝修完了還要打掉換管，浪費時間和金錢。

圖片提供 © 漢拓空間室內設計

1 施工前要測試排水情形。

6 裝設完管線，測試壓力

一般來說，冷水管會是 PVC 材質，耐用度比鑄鐵管高，但是塑膠有受到壓力易脆裂的特性，因此裝設完管線後，要做做壓力測漏測試，確定管線沒有問題。

7 測試水壓

許多老房子都會出現水壓不足的現象，導致洗澡時水溫忽冷忽熱，或是無法使用如按摩式龍頭或按摩浴缸，因此重新裝修時千萬別忘記測試一下水壓，若有水壓不足的現象則需加裝加壓馬達。

8 水管走位考量

水管配線走位可分成走在天花板和地板，絕大部分的水管都走在地板，但埋在地板裡就有不易維修的問題，一旦有地震，發生水管破裂不容易知曉，且要解決漏水問題就可能會動到泥作，花費較高。

圖片提供 © _馥閣設計

2 依照自身需求和建築條件，考慮管線走向。

因此在 921 地震後，有些人裝修時就將水管改走在天花板，較容易抓漏。但是冷水管表面可能會產生「冷凝水」，即為水氣遇冷而凝結在管壁上，一旦滴水下來，就會慢慢滲透進木作天花裡，導致霉菌滋生，影響呼吸健康。

另外，管線走天花板，由於不像埋在地板緊密被包覆。一旦水流經過，就容易聽到水流聲。管壁外側還需包覆吸音棉，才能降低聲響。對聲音敏感、怕吵的人，可能就不太適合。

9 冷氣需考慮排水和插座位置

窗型冷氣或分離式冷氣，不論是何者都需考慮排水的配管與用電的插座，使用分離式冷氣尚需考慮室內機的安裝位置及冷媒管的配送，尤其是老屋，不像新大樓已預留冷媒管，最好都需在事前完善規劃妥當。

另外，老屋多為窗型冷氣，排水軟管需沿外牆設置，長年經過日曬雨淋，容易產生脆化的情形，因此建議若要更換冷氣，也一起更換排水管為佳。

10 裝設冷氣常需要銑洞

老屋常常沒有預留冷媒管等管線所需的管線，而需要進行銑洞。在銑洞的過程中，會加水減少粉塵帶來的影響，防止壁面、地面髒亂。

在銑洞時要注意附近有無其他管線經過，以免鑽到管線而受損造成災害。此外，在外牆配管穿孔時，要掌握「外低內高」的原則，並加裝管帽，防止戶外的水流入室內。

1 在壁面銑洞，將空調管線牽到戶外陽台。

2 洞口處加上管帽，防止雨水噴入。

圖片提供 © 演拓空間室內設計

11 冷媒管不宜太長

安裝壁掛式冷氣時，當冷媒管需拉至室外時，建議不宜拉太常，以免冷媒填充不足，影響使用效能。若外露管線記得要包覆，室內以天花板遮蔽，室外則要加做保護，美觀又避免風吹雨淋。

另外，冷媒管的選用要注意，管壁厚可避免氧化、腐蝕，尤其位於溫泉區的房子更要留意。

3 + 4 冷媒管線的選擇要注意避免氧化。管線若拉至室外，要做全管保護，避免日曬，造成日後銅管脆化。

圖片提供 © 演拓空間室內設計　　　　　圖片提供 © 演拓空間室內設計

12 吊隱式冷氣的排水管預先埋入

吊隱式空調的排水管在砌磚牆時就必須埋入，深度要正確才不會被後續工程敲到管線，同時也要注意自然洩水坡度。

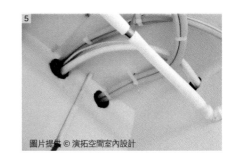

5

圖片提供 © 演拓空間室內設計

5 管線需事前規劃，留意排水管坡度。

Point 02
電線，注意總電量

1 15 年以上的舊電線要更換

電線使用狀態超出就有導線的負荷時，會造成電線升溫，使絕緣外皮硬化並破損，溫度每上升一度，電阻就上升將近 0.4%，電流也跟著提高。建議經過 15 ～ 20 年使用的舊有電線，最好要全部換新為佳，避免電線走火的危險。

2 總電量要配足

翻新老屋時，最好先列出未來可能使用的家電以及個別的瓦數，例如烤箱、微波爐、浴廁暖風機等，相對地用電量也大為增加。建議需向台電申請加大室內可以使用的總電量以及單一迴路的配電量，避免未來使用這些家電時，因可用電量不足而跳電。
如果是 20 年以上房屋，所用的電箱最好換成無熔絲開關，較為安全。

3 加大電線線徑效果有限

面對室內跳電狀況時，都以為可以透過加大電線線徑來解決，但其實不管如何加大電線線徑，室內的總電量並沒有改變，用電量大的電器產品還是無法同時使用，加大可用總電量才是最終的安全做法。

4 電功率大的電器使用單一迴路

由於每組迴路能負載的電量有限，若有冷氣、電熱水器或烤箱之類耗電功率較大的設備，應使用專用迴路，以免導致跳電。通常，燈具的耗電量較小，像是客餐廳與廚房的照明及各式家電可共用一組，全屋各房間的照明可以共用一組。但如果在冬季會使用電暖器的話，最好每個房間設置單獨一組迴路。像是電烤箱最好專用一組。很講究音響的聲音品質者，也宜幫音響設備設一組專用迴路，以確保電壓平穩。
全戶用電量預估與配電箱容量，在建築一開始規劃時就宜確認。迴路組數的多寡需視用電量來選擇。倘若完工之後才發現配電箱迴路不足以因應實際用量，就得連同管線與電錶一起升級。

傳統的單相三線式配電箱

能容納的迴路較少。

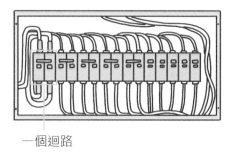

一個迴路

匯排式配電箱

可使用的迴路較多

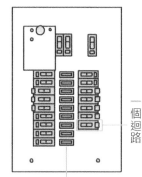

一個迴路

在配電箱標示回路的
用電目標，便於維修

5 規劃專電和專插

單一大負載的電器，像是暖風機、內嵌式烤箱等，需要使用「專電」；而洗、烘衣機則是需要「專插」，避免和其他電器共用插座。若沒有規劃專電和專插，負載超過時，電器迴路會跳電，嚴重者電線會過熱走火，造成居家危險。

6 保全系統電路找專業施工

監視器、對講機、保全系統，不宜自行找水電工班修改，以免影響訊號，造成居家安全的危險。建議找原有設備或專業廠商配合施工，並同樣注意是否留有維修孔，做好維修孔位置的紀錄，方便事後檢查。

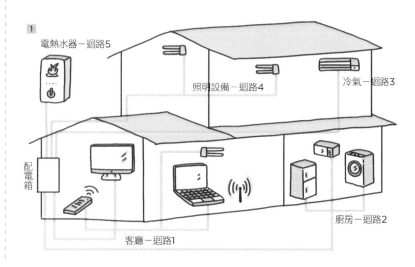

1
電熱水器－迴路5
照明設備－迴路4
冷氣－迴路3
配電箱
客廳－迴路1
廚房－迴路2

1 用電量較大的冷氣、廚房家電、電熱水器最好能獨立一個迴路。

7 所有線路均需配管

電線、電話線、電視訊號線等，最好不要單獨走線，外部再加上管子罩住。配管的好處在於可避免老鼠或其它動物咬壞電線，且可避免電波的互相干擾，而日後重新抽換或加線時，也有管路可尋。

圖片提供 © 演拓空間室內設計

2 電線用管路包覆，可防止被動物咬壞。

Point 03
瓦斯管線

1 確認管線走位

若原來是使用天然瓦斯，要注意管線是否過於老舊，若原來是桶裝瓦斯，不妨觀察近住家是否有使用天然瓦斯，如果有，可考慮安裝，即可省下一筆費用。而這些需在裝潢初期就要確認，關係到冷熱水配置及瓦斯管線的走位方式。

2 瓦斯管線需交由專業人員

瓦斯管線移位或安裝，有專屬認證的工程人員，請一般的水電師傅安裝，不見得會瞭解每個施工流程與環節，建議要交由專門執照的工程人員施作較有保障。

3 瓦斯管線材質要注意

室內天然瓦斯管建議使用白鐵製管，若是用桶裝瓦斯，則採用有鋼絲包覆的專用軟管，可防止動物咬破。

4 定期更換瓦斯軟管

連接瓦斯出口至瓦斯爐或熱水氣的塑膠管會老化，建議每 2 年要更換一次，可自行買材料更換或是請專業人員施作。更換時，要先將瓦斯關閉，拆下瓦斯管線，接口管束則套在瓦斯管線出、入口處，再用螺絲起子鎖緊。

裝修名詞
小百科

銑洞

即為鑽洞，是為了空調要走冷媒管及相關管線而開設。

Part 3　不良格局

老屋格局多有先天不良的條件，過於長形、形狀不規則等，使得格局難以配置。同時也有隔間過多、大小配置不當、多有零碎空間、形成陰暗長廊等問題，坪效未能有效發揮。將介紹如何破解不良格局，住得更舒適。

Point 01
重新思考動線與格局

1 創造空間最大坪效

老屋常有動線不佳、格局不良的問題，規劃時除了讓動線流暢，排除障礙物外，也要儘量找出空間與空間的最短距離，以省時省力，增加空間使用坪效。

2 注意管線及樑柱的位置

中古舊屋空間中，比較容易遇到管線及樑柱等問題，可能是樑柱過多、樑柱位置不對，容易造成行動不便或空間使用的困擾，所以在檢視格局時要特別注意樑柱問題，並思考如何避開柱體，同時形成完整方正的空間，創造雙贏局面。

1 樑柱可利用天花或櫃體修飾。

圖片提供 © 馥閣

3 廚衛位置盡量別移動

因為排水管或糞管較粗，遷移管線時需要挖得比較深，但老公寓的樓地板較薄且老舊脆弱，可能會承受不起這樣的工程。此外，管線遷移還會連帶著泥作、磁磚、防水等工程的施作，相對費用也會提高。

4 隔間數量的多寡

隔間數量應依照坪數大小而定。有些老房子坪數小，但隔間數量多，反而壓縮到空間尺度，在裡頭的生活顯得侷促。因此，重新規劃時，應思考是否真的有需要這麼多的隔間嗎？

Point 02

考量居住需求和條件

1 考量居住的時間長度

一間房子住五年、十年甚至更久，都會有不同的設計考量。因此在更動格局時，要考慮打算住多久？未來會不會增加或減少居住成員？會影響到未來隔間數量、型態等，因此在安排格局前，先思考居住時間的長短。

2 考量家庭成員

家中人口數是設計的基礎，包括房間數、衛浴的數量，以及是否需要設置小孩房、書房，都會因為居住成員多寡而有所不同。年齡層和性別，則會影響到房間配置，例如長輩房可能會安排在較安靜的區域，女生的房間盡量不安排在會影響隱私的陽台旁。

3 家人的休閒、嗜好

家中成員平日的休閒活動，也會影響到空間配置。例如喜歡聽音樂、看

2 安排格局時，需考慮家庭成員的年齡、性別等。

圖片提供 © 馥閣設計

家庭劇院，或者經常把住家作為親友聚會開 party 的場地，這些不同的需求，往往也會影響到空間的規劃。

4 烹調習慣及在家用餐的頻率

烹調習慣會影響到廚房的設計，傳統料理重度油煙的使用者，最好利用隔間或者拉門隔絕油煙。鮮少下廚或者輕食的屋主，就可以考慮規劃開放式廚房。

5 能否接受開放式廚房

不少老屋的廚房都有空間太小或是動線不良的問題，因此可能會改採取開放式廚房，讓空間感變大。但是有些人可能很介意廚房沒有封閉，也許是擔心油煙或其他問題，只要能針對考量點加以解決，空間的規劃就能更具有靈活度。

圖片提供©相即設計

1 開放式廚房有利有弊，端看個人的喜好。

6 是否沿用舊傢具

如果是舊屋換新，舊傢具的保留或換新，都會影響到格局配置。如果要保留舊傢具，格局配置就必須遷就既有的傢具尺寸。

7 特殊收納需求

家中是否有特殊的收藏，以及數量的多寡，不僅會影響到收納櫃體設計，為了讓空間感更開放，有時也會用櫃體隔間，因此若有特殊的收納需求，甚至會牽涉到隔間規畫。需要多大容量的收納、展示空間？須採開放式還是封閉的設計？都與家中成員各自的收藏品有關。

8 依生活動線規劃收納

收納要依照生活動線規劃，而不是把所有的物品都堆放在儲藏室，才能讓居住者養成順手收納的習慣，讓空間井然有序。例如在玄關區規劃鞋櫃、衣帽櫃、餐廳區規劃餐櫃、書房則設計容量充足的書櫃等。

圖片提供 © 相即設計

2 依照家人習慣的動線設置收納。

Point 03

讓光和風進入室內

1 開窗方式影響採光和通風

老屋之間的棟距常常都相當近，要達到良好的通風和對流，建議可利用不同的開窗形式改變悶熱不通風的環境。推射窗的通風會比外開窗更好，因為外開窗通常設置於封閉的觀景窗兩側，空氣對流的面積比軌道式推拉窗小。此外，利用凸窗的設計，可以增加採光面，引進更多自然光。

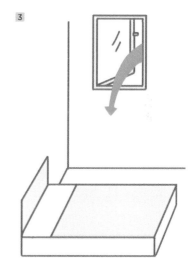

2 非封閉式隔間保持通風和採光

隔間可以選擇鏤空的隔屏或拉門，作為空間界定，或讓隔間牆的設計不做滿，保留部分空間，令空氣得以流通，加上開窗的對流效果，就能讓室內保持良好的通風。

3 讓空氣對流的開窗設計

運用冷空氣下降，熱空氣上升的原理，將氣窗開在下方，使空氣能夠自然對流。若想讓屋內更通風，不妨趁裝修時改變氣窗位置，讓空氣對流更順暢。

3 推射窗因開窗面積較大，加上利用窗戶開出不同角度引進，還是有機會在棟距狹促下引進屋外的自然風。

4 減少隔間，光線不受阻隔

隔間一多，絕對會阻擋光線。必須依照生活需求和坪數大小隔出適當的隔間數量。同時在安排隔間時，可利用穿透的玻璃、半高的實牆，使光線進入，同時也能具有區隔的效果。

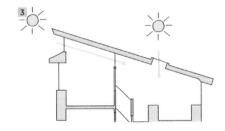

1 拆除客、餐廳之間的原有隔牆，讓兩側光線都能不受阻的進入。

Point 04
長形屋規劃原則

1 「前後有光，中間陰暗」的問題

早年老公寓多半為狹長形的格局，因此，常聽到會因長形格局的受限，前後光線無法進入到中央，因此中段通常是陰暗的。衍生出陰暗長廊、面寬不足的困擾，以下將介紹常見的長形格局問題，以及對應的解決方式。

解法 1：順著光線，重新隔間

只有前後有採光、又有走道的狹長型格局，是老屋最令人頭痛的格局，因為會使室內變得陰暗，動線也不順暢。建議可以將窗戶加大，或在重新隔間時依著採光順向設計，並在規劃時減少走道產生，以解決光線和動線不佳的問題。

解法 2：若住家為透天厝，建議可開天井照亮暗處

一般來説，從天頂直接照射的光線，比來自地平線光線明亮得多。就算只開一小扇也會有極高效率，並且也讓各層都能享受採光。同時在牆面開高窗，就能引進水平入射的光線，

2 隔間採取順光設計，讓空間更明亮。

3 以開天井或開高窗增加採光。

也可藉此增加室內更多光源。順道一提，天井若設計得宜，也兼具通風效果。

2 「面寬窄，狹長廊道」的問題

長形屋的面寬通常不寬，在配置格局時，容易出現一道長廊，要如何淡化長廊存在，又必須要有明亮光線，不致陰暗呢？

解法1：引光入室，隔間不做滿

長廊兩旁利用半牆隔間或是穿透玻璃，在視覺上就能降低廊道過窄的感受，同時也能引入光線，以明亮光線放大空間。

解法2：利用反射材質，放大空間

長廊兩旁的房間若無法採用半牆等穿透設計，可以在表面改採用玻璃鏡面材質，利用光反射製造虛實空間感，延伸視覺。

2

圖片提供 © 馥閣設計

4 在牆面貼覆鏡面，有效放大視覺感受。

裝修名詞 小百科

坪效

一坪的面積可以創造出高價值的生活空間。

穿透隔間

隔間牆只有一半的高度或採用透明玻璃等，讓視線可以穿透的，皆稱為穿透隔間。

Part 4　結構損壞

老屋經過 20 年以上，勢必一定會老化損壞，再加上地震頻繁，屋內的結構容易受損，常出現窗框歪斜、地板傾斜、裂樑等問題，容易影響到住的安全。一旦發現結構有問題，應要立即修復補強，避免發生危險。

Point 01

裂樑，結構受損的警訊

1 從位置來判別是否屬於結構性裂痕

發生在樑、柱、樓板、剪力牆等結構體上的裂痕稱為結構性裂痕。通常要敲掉的表面粉刷層才能得知到底是結構體也裂開，或是僅有表面粉刷層裂開。但理論上，如果縫隙寬度超過 0.3mm，這樣的寬度會讓空氣中的溼度很容易就滲入混凝土裡，導致鋼筋生鏽並進而撐破表面的混凝土，最後演變成鋼筋外露的問題。就可能降低結構強度、縮短建築壽命，甚至在地震時會因為建物承受力不夠而有崩塌之虞。

發生在隔間牆等非結構體的細紋，多半是因為水泥表層乾縮的細紋，或是水泥澆灌時間不同所產生的冷縫，不至於影響到結構安全。

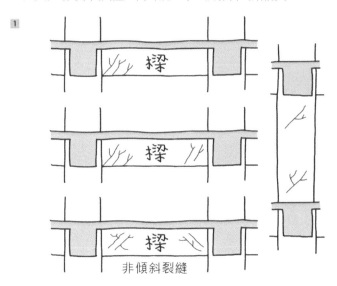

① 若是裂痕小於 0.3mm，且並未裂在結構牆上，不會影響整體安全。

2 從裂痕形狀與走向來判斷

如果縫隙過大，甚至已經大到鋼筋裸露
的程度，極可能是結構體已遭受破壞。
若是在樑柱、牆面出現以下裂痕方向，
應盡速找專家鑑定、修復。

圖片提供 © 馥閣設計

A 柱體，出現斜向、垂直裂縫

樑柱出現裂縫且呈現 45 度斜向（剪力
裂縫）或有兩條以上裂縫交叉（交叉裂
縫）時，代表結構體的剪力遭受破壞，
就要趕快請結構技師前來鑑定，否則很容易因為地震而影響安危。
至於強烈地震過後，從門框或窗框轉角處往牆面延伸而出的斜向裂痕，
則是因為牆面遭受水平向度的外力拉扯所致。

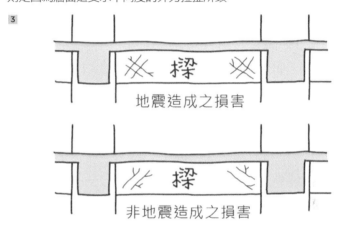

地震造成之損害

非地震造成之損害

B 大樑，出現斜向或垂直裂痕

若在樑和柱的交接處出現斜向裂痕，則代表剪力受到破壞；若是在樑和
牆之間出現垂直裂縫，表示兩者的接縫已經不穩，可能會有崩塌的疑
慮。

C 門窗，四角出現斜向裂痕

同樣的，通常門窗四角出現斜向的
裂痕，很可能是因為地震水平拉力，
拉扯到門窗，導致出現 45 度角的
裂痕。

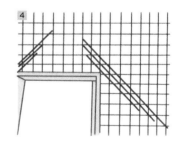

D 剪力牆，出現斜向交叉裂痕

由於剪力牆內部是以鋼筋交錯作為抵抗地震的水平拉力，若是在剪力牆
上出現斜向交叉的裂痕，則代表因為地震因素，使得剪力牆受損。

2 垂直裂痕代表柱體本
身受損，無法有效支撐建
物。

3 上圖的樑柱產生交叉
裂痕，代表是地震使得剪
力牆受損，若再有地震，
可能結構會更加不穩。

4 為了不使門窗因地震
而歪斜，會在門框或窗框
四角加入鋼筋交錯固定。

位置		形狀	備註
柱	樑柱接合處、柱子的頂端或底部	斜向裂縫	嚴重者可能伴有水泥剝落或鋼筋外露的現象
	緊靠門窗的柱子斜向裂縫	柱子頂端或底部水平裂縫	嚴重者甚可看出明顯的位移
樑	樑與柱的交接處	斜向裂縫	
	樑與牆的交接處	垂直裂痕	
牆（剪力牆）	與樑柱的交接處	斜向裂縫	嚴重者甚至會導致磁磚崩落
門窗旁	從門框或窗框轉角處往牆面延伸	斜向裂縫	嚴重者可能伴有門窗歪斜的問題

3 非結構牆上的裂痕，以 EPOXY 灌注即可

若裂痕發生在非結構的隔間牆上，一旦裂縫寬度 > 0.3mm 時，適用 EPOXY（環氧樹脂）填補裂痕。

EPOXY 灌注施工步驟

清除表面雜物

▼

標示注入孔的位置

▼

安裝注入孔的底座

▼

從裂痕外表進行密封

▼

等待密封劑硬化

▼

將藥劑裝入注射筒

▼

從注入孔灌入裂縫內

▼

等待藥劑硬化

▼

拆掉注入孔的底座，磨平表面

4 在結構柱、牆上的裂痕，以鋼板或貼片補強

A 鋼板補強

若裂縫在樑柱、結構牆上時，且已經大到會危及安全，建議在外層包覆鋼板，加強樑柱的支撐力。

鋼板補強施作流程

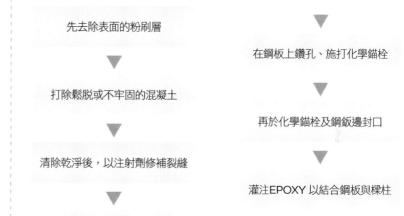

先去除表面的粉刷層

▼

打除鬆脫或不牢固的混凝土

▼

清除乾淨後，以注射劑修補裂縫

▼

將鋼板預組在樑上，包覆樑柱

在鋼板上鑽孔、施打化學錨栓

▼

再於化學錨栓及鋼鈑邊封口

▼

灌注EPOXY 以結合鋼板與樑柱

B 貼片補強

以前，若要加強樑柱結構多會採用鋼板來包覆。由於鋼板厚又硬且要緊密包覆才能發揮效用，導致施工難度很高。現多改用碳纖製成的 FRP 貼片取代，強度甚至可高過鋼板，且由於材質輕薄，狹窄空間亦能施作。

貼片補強施作流程

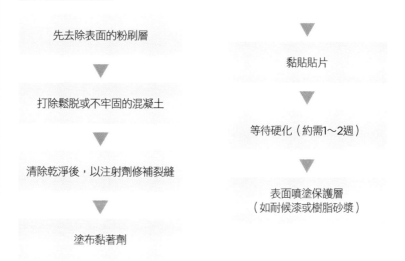

先去除表面的粉刷層

▼

打除鬆脫或不牢固的混凝土

▼

清除乾淨後，以注射劑修補裂縫

▼

塗布黏著劑

黏貼貼片

▼

等待硬化（約需1～2週）

▼

表面噴塗保護層
（如耐候漆或樹脂砂漿）

5 柱體水泥剝落，需判斷是否為海砂屋

海砂屋是指建築房屋時混凝土所用的砂，用的是來自海邊的海砂而非河砂。海砂若沒有經過去氯離子處理，短期牆面滲出白色的痕漬，長期則會加速腐蝕鋼筋，鋼筋因鏽蝕膨脹造成混凝土塊剝落，嚴重將損害房屋的結構體，會

圖片提供 © 馥閣設計

1 若不斷出現混凝土剝落、漏水的情形，建議盡快檢查是否為海砂屋。

出現帶狀混凝土保護層凸起、剝落，樑、柱縱向裂縫，版、樑、柱鋼筋裸露等情形。

尤其在以往，海砂屋的建造層出不窮，因此要注意老屋本身的結構是否為海砂屋。而政府有進行列管名單，可上台北市建築管理工程處網站（http://www.dba.tcg.gov.tw）的海砂屋專區查詢。

6 尋找具公信力的氯離子檢測單位

若想檢測老屋是否為海砂屋時，可尋找各縣市建築師公會、土木技師公會、結構技師公會等相關單位，要注意現行規定氯離子含量不得高於 0.3 kg/m^3。

各單位定價不一，須視鑑別內容、難易度、工作量、觀測期限、精準度、以及要求到那一個程序等等都會影響價格。一般檢測費用約 NT.4,000 ～ 5,000 元，建議事前先詢問費用和鑑定內容，多作比較後再簽約。

Point 02

鋼筋外露，先除鏽蝕再補強

1 漏水問題，導致內部鋼筋鏽蝕

通常導致鋼筋外露的原因，多半是因為濕氣使得鋼筋生鏽，體積變大後撐開了外層的混凝土鼓起，接著爆裂。而大部分濕氣過重的原因在於，建築物的戶外防水有漏洞或是本身建物的漏水問題，導致水氣侵入牆壁，裡面的鋼筋就會受潮而生鏽。

圖片提供 © 馥閣設計

2 一旦發生漏水，不只會產生壁癌，還會使鋼筋生鏽，最後變成外露的情形。

2 最初灌漿動作不確實

蓋房子在灌漿時，保護層的厚度不夠或震動棒的搗實不確實，或坍度不足等，都會引起鋼筋外露或蜂窩。由於鋼筋需要混凝土層的保護，若保護層不足，就導致空氣裡的濕氣接觸鋼筋，並引發鋼筋鏽蝕膨脹導致混凝土塊剝落。這情況通常僅為局部出現，並不會影響到結構安全。

3 地震搖晃或外力影響

鋼筋具有彈性，外覆的混凝土塊則很剛硬。混凝土建築若沒算好結構應力，遇到強大地震時，樑柱裡的鋼筋會因應拉力而彎曲，周圍的混凝土塊卻因為欠缺彈性而被兩側剪力牆的應力給扯裂。倘若混凝土塊裂得太厲害就會剝落、進而露出裡面的鋼

圖片提供 © 馥閣設計

筋。如果鄰居裝潢施工時敲打太用力，也可能導致類似情形。

3 一旦發生漏水，不只會產生壁癌，還會使鋼筋生鏽，最後變成外露的情形。

4 高量氯離子不斷造成鏽蝕

若混凝土建物中含有高量的氯離子，當鋼筋被包覆在內時，一旦氯離子遇水，便會在鋼筋上造成電化學反應，促使鋼筋生鏽。一旦生鏽，含腐蝕生成物的鋼筋體積膨脹至三到七倍，進而擠壓周遭的混凝土塊，從而導致混凝土崩落、露出裡面的鋼筋。

由於建物的氯離子高，只要一碰水就會對鋼筋進行化學反應，使得必須一再修補，花費不貲，這就是為什麼大家對海砂屋避之唯恐不及的原因。

5 地面、牆面鼓起，需特別注意

一旦家中的混凝土牆或地板出現膨脹鼓起、裂縫等，都需要特別小心，可能是內部鋼筋已經鏽蝕，建議可請專業技師檢查。另外，一般人以為鋼筋外露的房子就是海砂屋，其實不然！得請專業廠商針對混凝土塊來檢驗氯離子濃度。氯離子濃度超出標準的，才能算是海砂屋。

6 修補鋼筋前，先除鏽防鏽

A 不影響結構的修補方式

只要鋼筋外露的情況並不影響結構時，通常只需針對外露的鋼筋進行除鏽，清洗後塗上防鏽塗料，就可避免鋼筋繼續鏽蝕。最後再用混凝土砂漿修補。

B 當鋼筋會影響到結構安全時

除了外露的鋼筋要進行除鏽、清洗動作，填補的水泥砂漿也需添加七厘石以增加強度，或使用磁磚專用的易膠泥（內有添加樹酯）填補，千萬不可用水泥沙加海採粉填補，補完之後可能會有整塊掉落的危險。另外，每棟建築在灌漿時，水泥的坍度不

圖片提供 © 禾方設計

一，必須請專業技師要先測試當時的坍度為多少，判斷該使用的工法和材料後，再配置水泥比例，讓整體的結構力一致。

假使鋼筋外露的情形發生在樓板或天花裡，且生鏽得很嚴重，除了進行上述的措施外，還必須用鋼板來補強整個樓板的結構。

1 鋼筋塗上紅丹防鏽，若有加強結構的必要，則再覆以鋼板支撐。

Point 03

牆體蜂窩，確實填補水泥

1 在建造時，灌漿不確實

所謂的蜂窩，在結構體的表面會呈現空洞的形狀，而俗稱「爆米花」或「蜂窩」，又稱為「材料分離」或「粒料分離」。

牆體發生蜂窩的原因，主要是因為在最初建造時，主要是因為骨材與砂漿因震動搗實不確實或坍度過高所造成。如果混凝土的配比不對（骨材太大）、或是灌注速度忽快忽慢，或是鋼筋、管線排得過於緊密，混凝土漿都很容易因為沒有充分流入板模內，而在樑柱、管線密集處或電箱周遭出現空洞。

若是老屋出現蜂窩，則代表當時在建造時不僅未確實施作外，拆了模版之後也未確認是否有混凝土塊體掉落或有空洞回音的情況。

表面出現蜂窩　　　　　　**蜂窩空洞擴及至內部**

2 壁癌持續復發，可能是有蜂窩

蜂窩比紮實的混凝土牆體更容易儲藏水分，是引發壁癌的元兇之一。而蜂窩引發的壁癌往往很嚴重，即使做了內外防水仍然會吐出白華。若老屋有難以根治的壁癌，最好確認牆壁裡是否有蜂窩。

2 石礫裸露，並未有空洞的話，不會造成結構的影響。

3 嚴重蜂窩要打掉、重新灌漿

如果蜂窩很大，必須經過結構技師鑑定是否會影響到結構，依實際狀況來決定是否要打掉整道牆、拆除鋼筋並重新築板模、灌漿。這有重作結構體的必要，必須要提出結構補強計畫。

4 視蜂窩出現部位修補

一旦發現有蜂窩，最先要注意的是發生在建築的哪個部位。若是非結構體的地方，不用太擔心，只要經過水泥修補就可以；倘若是結構牆上，在修補上要更為慎重。以下將介紹不同的修補方式：

A 非結構體可直接填補混凝土砂漿

若蜂窩出現在非結構體（一般隔間牆），直接填補相同強度的水泥砂漿即可。如果深度很深（超過三公分），則灌注相同強度的混凝土結構。

圖片提供 © 禾方設計

B 結構體要用無收縮混凝土來填平

若是蜂窩出現在樑柱或承重牆，最好改用無收縮混凝土來填補，以確保牆裡面的鋼筋能與混凝土塊體能緊密結合。結構體的重要性依序為：柱 > 樑 > 牆 > 板。所以，如果樑柱或牆面有蜂窩，可先找專業廠商來判斷判斷。如果情況很嚴重，則需請專業技師公會來鑑定，並會建議合適的修繕方案。

施作過程注意事項

項目	內容
高壓水柱沖灌	填補蜂窩時，要先打除不夠緊實的組織，並用高壓水柱來沖掉雜質。
塗上藥劑接合	由於新舊的混凝土塊體無法百分百地密合，填補材與原有塊體之間要先打濕、塗上結合藥劑，以促進新舊塊體的密合。
封板保護	用無收縮混凝土填補空洞時，無論孔洞大小，外側都要封板模以免填補材料流失。特別是無收縮混凝土的流動性很強，一定要封板。
注意冷縫出現	因為新舊混凝土交界處很容易出現裂縫（冷縫）。填補完蜂窩後，要注意是否會再出現裂縫或是外牆與窗框處是否會漏水。

3 在填補蜂窩時，需封板避免無收縮混凝土流失。

Point **04**

露臺、陽台、樓板，要有足夠支撐力

1 一般陽台下方皆為懸空，支撐力通常不足。

2 陽台不可隨意外推，避免有結構上的問題。

1 底下懸空或缺乏小樑支撐

露台是沒有頂蓋的正常樓板。至於陽台，底下通常會有從結構樑柱橫向延伸的小樑來支撐，有些建商甚至會在陽台的左右側加入牆體來加強承重力。如果陽台有收樑，通常每米平方可載重200 公斤。但如果陽

圖片提供 © 明代設計

台很小（比如深度僅有一公尺），也可能地板下方沒有收樑，而是以較薄的地板來減輕負重。

2 放置重物，先計算承重力

一般來說，陽台與露台的承重力在結構設計時不如室內樓地板會考慮較大的荷重。它們雖不屬於結構主體，但其重量仍需建物結構來支撐。
因此，陽台周遭通常會有橫樑或承重柱。如果想在陽台放置水塔、水箱、大型水族箱，或是改成廁所而用到水泥來墊高地板，多出的負重可能高達上百公斤，這時就得注意相鄰樑柱的承重範圍。至於要在露台上放像水塔之類的超重物時，也是要請專家來判斷這棟建物的結構是否可承受。

3 不可隨意打掉陽台牆面

陽台的配筋量通常不像室內樓板那樣多，通常為後者的一半，因此承重強度遠不如後者。因此陽台左右兩邊有時會配置短牆，加強承重上方樓層的力量。
但有些人在施作陽台外推時，會將這兩道短牆打

攝影 © 蔡竺玲

掉、砌牆、裝設鋁窗。一旦打掉之後，就降低了對頂上的陽台支撐力，也增加了陽台的負重，還會導致整體建築結構失衡，樓上的陽台恐有變形、崩塌之虞，造成生命安全的威脅。

4 植筋補強，強化承重力

陽台是靠一根根從室內樑柱結構往外延伸的小橫樑來撐住。若要加強陽台負重力，理論上應增加地板裡的小樑數量，單純植筋補強力量有限。然

而，植鋼筋得先敲開陽台地板的原有結構，其實補強前就先破壞既有結構了，補強的效果很難評估。從施工的角度來說，這也很難辦得到。

5 下方以斜撐做支柱

在不破壞陽台原有地板的情況下，可從地板的下方做斜撐來補強；將新增的斜撐固定在大樑或柱子上，陽台的重量也能轉至建築物的樑柱。由於這得從陽台的下方來施工，必須先徵求樓下鄰居的同意。

6 頂樓承重力，需在 150kg/m² 以上

有些老屋的樓板很薄，可能無法承受太多重量，若想在頂樓更換水塔、設置空中花園時，要先考慮屋頂樓板承重限制。一般住宅樓板最低活載重需達 200 kg/m²，而屋頂露臺之活載重則較室載重減少 50 kg/m²，但公眾使

用人數眾多者不得少於 300 kg/m²，以免造成建物之主體結構安全影響。若想在老屋設置花園，建議選用盆缽式（且範圍不宜過大）或花架式的花園，對於屋頂荷重較輕。

3 若想在頂樓設置花園，要考量樓板的承重力。

結構歪斜，需評估可住性

1 利用球和尺，測試是否傾斜

可利用球體，放在地板觀察球是否滾動，一旦滾動，則表示地面有斜度。另外，也可利用水平尺，測量房屋窗框是否有達水平，這兩種方式都可以簡單測驗出房屋是否有傾斜的問題。

2 因地震或外力使房屋傾斜

通常會造成房屋傾斜的原因多半是地震所引起的，地震的水平拉力拉扯到建築，再加上建築沒有足夠的抗震力，使得牆面歪斜或是整棟建築傾斜，另外，地基下陷也會造成整體結構傾斜。

地震波

4 因地震而造成房屋傾斜。

3 檢視房屋傾斜率，超過 1/40 需重建

房屋經過外力拉扯，可能會產生些微的傾斜，若程度輕微是不影響居住的，一旦房屋傾斜達到某種程度，就是列為危樓，需要打掉重建，因此若想確定自家是否是危樓時，可先計算出房屋傾斜率，房屋傾斜率的公式如下：

以柱子直立 90 度為基準，Δ ＝建築物傾斜水平位移量，H ＝建築物現況高度，X ＝傾斜率＝ Δ/H。

假使，傾斜高度為 5 公分，建築物高度為 1500 公分，
傾斜率：5÷1500 ＝ 1/300

一般房屋傾斜率小於 1/200，沒有結構上的問題，但介於 1/40 ～ 1/200 之間就依受損程度，進行不同工程的修復及補強。如果房子超過 1/40 的傾斜率，要拆掉重建比較安全。

4　進行建物安全鑑定

若擔心建築傾斜會造成生命威脅，可向建築師公會或結構工會等申請建物安全鑑定，確認整體建築的結構是否適合居住。另外，若是想在老屋上方新增建物，也必須請專業技師進行結構鑑定。一般的鑑定費用多在 NT. 3 萬元左右。

5　地面傾斜，可架高地板

若地面傾斜幅度並未有安全之虞，但傢具擺放或生活在裡面時能感覺到的話，建議在進行地板工程時，地面需重新抓水平並架高地板，使地面高度一致，再進行後續的施作。

6 窗框歪斜，重新立框

若因牆面傾斜、變形，導致窗框隨之歪斜，使得窗框和牆面之間有裂縫，或甚至無法開啟的狀況下，則必須視情況，將整個窗戶外框換新，一旦傾斜過大，則需將整座門片連框或是整個窗戶打掉，重新立框。

圖片提供 © 禾方設計

1 若窗戶有嚴重歪斜情況，建議窗戶打掉重拉水平。

**常見糾紛
Q & A**

Q. 明明才換了高級氣密窗，不到一年就打不開？！

一年前更換老舊窗戶改換成氣密窗，並且特地選了最高等級的氣密窗，結果不到一年窗戶就常常卡住打不開，真是不划算！

A. 可能是施工未確實或是牆面歪斜所造成的。

一般窗框歪斜打不開的原因可能是框架的鋁料老化而變形，或是牆面歪斜造成的。像此案明明已經換了新的窗戶，卻有歪斜打不開的情形。就可能是在一開始立框時，水平未拉好；或是牆面歪掉，氣密窗因強力拉扯而變形造成的。

**裝修名詞
小 百 科**

撓曲裂縫

樑或柱上出現的垂直裂痕，代表樑柱受損程度約有三成。還不至於有立即危險。

剪力裂縫

樑柱表面出現 45° 的裂縫，意味樑柱的損害度已達九成，可能會有瞬間破壞的危險。

無收縮水泥

骨材含有緩凝劑與膨脹劑，可避免一般混凝土在乾燥過程中出現收縮的問題。且由於延展性佳，能自動流入空洞底部，緊密地填補空洞；效果會比骨材較大的水泥砂漿優越。無收縮水泥也可用來澆灌主結構，但由於價位高，多半拿來填補蜂窩。

活載重

包括建築物室內人員、傢俱、設備、貯藏物品、活動隔間等相加之重量。

配筋

鋼筋配置。陽台地板通常以短向鋼筋為主筋，插入陽台跟室內交界處的橫樑的上層與下層以構成雙層配筋。但如果陽台深度不夠，則多半會採單層配筋，只插入橫樑上層以提供抗拉力。

應力

應力（stress），當物體受到外力時，內部所產生的抵抗力。每單位承受的內部抵抗力就稱為應力。可分成正向應力與剪應力。

Part 5　設備不堪使用

經過 20、30 年以上的使用，任何機器設備都會老化、甚至無法使用，透過重新改裝的同時，好好檢視一番哪些設備該汰舊換新，哪些可以繼續保留。藉著萬全的設備計畫，進一步改善居家的生活品質。

Point 01

暖風機，暖房最佳配備

1 用於密閉浴室最剛好

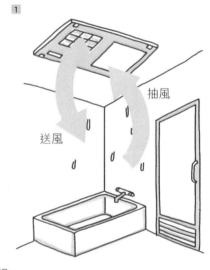

考量到很多老屋的衛浴空間，大多沒有開窗，一個抽風機似乎也不夠力，長期下來，可能會因潮濕而孳生黴菌，不僅有害健康，也會因地板溼滑而提高浴室的危險性。建議多加一個有冷暖風和除濕的五合一暖風機，可加速乾燥。浴室若無對外窗或空氣流通性不佳，則容易因除了可在短時間內讓浴室乾燥，維持乾淨、衛生、安全的環境，甚至下雨天也不怕沒地方晾衣服，因為只要將浴室暖風機打開就可讓衣物快速乾燥。

1 暖風機可加速乾燥衛浴空間。

抽風

送風

2 適用於有幼兒和長輩的家庭

由於暖風機可事先開啟暖風，便於在寒冬時預先暖房，家中有小嬰兒或是長輩的家庭，十分適合使用，才不會因天冷洗澡而受寒。

3 依使用坪數選擇

暖風機需依照坪數選擇適用的機種，若坪數較大，卻使用熱功率不高的暖風機，則無法發揮應有的暖房效果，建議事前先向廠商諮詢。但仍應使

用才安全。建議超過 4 坪的大浴室，選擇 220V，2200W 左右的高熱能功率浴室暖風機，會比電源 110V 的機種來得省電，因機器價差僅約 NT.1,000 ～ 3,000 元左右，但是日後在電費上的長期支出，會產生相當可觀的價差。

面積和機器功率選擇

衛浴坪數	機種	電源配置
1～2 坪	110V，熱能功率 1,150W	獨立電源
4～5 坪	220V，熱能功率 2,200W 左右	獨立電源

4 裝在衛浴中央，熱能效果最好

重視暖風、乾燥的話，建議將暖風機安裝於浴室中央，其熱能擴散度較為平均。假使浴室為乾濕分離設計，則建議將機器裝在乾燥區，再將出風口對著淋浴間，如此洗澡時可獲得最佳暖房效果。

若要讓浴室乾燥時則只需打開淋浴間門，讓暖風吹到裡面烘乾即可，若擔心廁所異味者則可將排風口安裝於馬桶上方。

5 機體需與地面相距 180 公分以上

嵌入式暖風機機體須與天、地、壁之間保持一定距離，首先機體距離地面需有 1.8 公尺以上，與天花板之間因需要加裝排氣孔，所以天花板與樓板間高度不能小於 30 公分，若牆壁無排氣孔則須另外鑽孔，而排氣孔與牆壁間距離至少要在 20 公分以上。

然而有些老屋的屋高較低，在安裝時要先確認是否可行。

6 確認天花板結構的強度

由於暖風機機體是被懸空架設於天花板之內，雖然支撐骨架所用的角料無論是三夾板或 PVC 材質皆可，但必須挑選強度較佳的材質，而且確實安裝使之牢固，才不用擔心天花板塌陷的危險發生。

2

圖片提供 © 演拓空間室內設計

2 安裝暖風機時，需考量高度問題。

125

空調，炎熱
夏季不可少

1 老屋多用窗型冷氣

許多老屋在建造時，大多留下窗型孔安裝冷氣。在挑選時，要注意冷氣孔適合一般型或直立式，且可依擺放位置來決定左吹、右吹、雙吹或下吹式等。若要選擇使用壁掛式或吊隱式冷氣，除了要封閉窗型孔之外，也要考量裝設高度的問題。

2 屋高不高者，不建議裝設吊隱式冷氣

吊隱式冷氣的裝設方式為將櫃體隱藏於天花板內，整體空間看起來能更為簡潔俐落。但是吊隱式冷氣因功率大，相對噪音也大，裝設時建議要預留比機器大 1.3 倍的空間才能降低音量，日後請人清洗也較方便。一旦老屋的屋高不高，可能會因天花板封板使室內產生壓迫感。

圖片提供 © 演拓空間室內設計

1 吊隱式冷氣需要天花板包覆裝飾，因此會減少室內高度。

3 依需求選擇冷暖兩用

有些家中是位於較冷的山裡或靠海處，建議在機型選擇是可考慮冷、暖兩用的冷氣，使整體居家的環境更為舒適。同時，若家中有長輩，在冬日開啟暖氣，也能保護他們不因溫差過大，而導致發生心血管的疾病。

4 坪數是決定冷氣噸數的初步條件

購買冷氣前要先了解使用空間的坪數，依此推算可先替各房間或區域算出基本的空調噸數。並考慮環境的週邊因素，像是頂樓、西曬、東照等立地條件對室內溫度影響頗大，需要的噸數也要跟著調整變大，建議可買比計算出來的噸數再稍大一些為佳。

5 變頻比較省電

無論窗型還是分離式冷氣，建議以變頻機種為主。而變頻式和一般家電的不同在於，家電不會因開開關關而高度耗能。所以，對於運作時間越久的家電，選用變頻式機種越能確保省電。但要注意的是，變頻式家電若使用時間不長或不斷開關，會讓變頻式機種無法有效節能，而無省電的效果。選擇機型時，也要注意能源效率標示，共分為 1～5 級，級數愈小，能源效率最高。另外，使用時也可以搭配風扇共同使用，清涼省電又節能。

6 可與全熱交換器搭配使用

全熱交換器的作用主要在於交換室內外空氣，同時也具有調整溼度、過濾病毒與其他雜質的功能，24 小時提供室內品質穩定的新鮮空氣，適合在密閉的冷氣房使用，有效提升室內空氣品質。
全熱交換系統而擺放的位置可選擇一併放在空調附近，並不會影響室內冷房效果。只是老屋必須要先將天花板拆除，才能安裝機體及配置風管，因此，若是有意重新裝潢者最好事先與設計師討論，並考慮大樑是否有需要洗洞以減少管路的曲折。

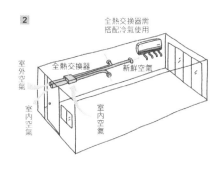

2 透過全熱交換機的換氣機制，有效改善密閉冷氣房的空氣品質。

熱水器，依安裝位置選擇

1 安裝在室內，選擇強制排風的熱水器

熱水器最重要的就是要安裝在哪裡，位置會決定選擇的機型。可分成室內機和室外機。室內機依通風環境又可區分成三類：「開放式」、「半密閉強制排氣式熱水器」（簡稱 FE 式）（Forced Exhaust，）、「密閉式強制供排氣熱水器」（簡稱 FF 式）。
若是安裝在室內，強制排氣的 FF 機型是比較安全的，會將廢氣以排氣風機經排氣管強制排放至屋外，不會因一氧化碳中毒。
室外機的挑選則是要注意機器本身材質的防雨耐候能力，同時為了避免日曬雨淋，必須架設在屋簷下。

2 公升數影響出水量和溫度

一般可看見市面上的熱水器出水量，從 10L、12L 到 24L 都有，出水量越大、水溫越穩定，但相對價錢也更高。要如何選擇正確的熱水器容量，最重要的就是要先弄清楚家中熱水的用量到底是多少，先看內部是否有裝設 SPA、按摩浴缸等，若設備越多，建議選擇大一些的出水量為佳。

3 熱水器種類比較

A 瓦斯熱水器

是台灣目前最普偏的熱水器熱能來源，天然瓦斯和桶裝瓦斯之分。瓦斯比電力環保，價格也較低。相同的熱水用量，瓦斯熱水器的花費約為電熱水器的 3/4。人口少、熱水用量不高的家庭使用桶裝瓦斯的熱水器，最省燃料費。

B 電熱水器

最大好處是用多少熱水耗費多少能源。但水溫沒有瓦斯熱水器的來得高，加熱到 40 ～ 50℃的高溫得等待數分鐘。傳統的電熱棒加熱機種，水溫容易下降；儲熱式電熱水器雖可靠儲水保溫桶來改善這項缺點，但熱水器體積也會因此變大。

電熱水器的加熱棒十分耗電，會大幅增加家庭用電的度數。因此，電熱水器在所有熱水器類型裡，能源的使用費最高昂、也最不環保。還有，電熱水器的加熱棒會因為水垢的關係，每三年左右就要更新，每根單價約 NT.2,000 元。

熱水機種類比一比

類型	建置成本	日常耗能成本	其他
瓦斯熱水器	一般機種 NT.6,000 元起跳，恆溫式機種 NT.2 ～ 3 萬元。	1 天然瓦斯一度約 NT.20 ～ 25 元。 2 桶裝瓦斯 20 公升約 NT.1,000 元，每人每年 1 ～ 2 桶。	1 瓦斯耗能高於用電，但瓦斯在台灣價位較低，故日常成本低於用電。 2 要安裝在通風處，否則會有一氧化碳中毒之虞。
電熱水器	即熱式電熱水器 NT.5,000 元起跳，儲熱式電熱水器 NT.1 ～ 1.5 萬元	60 公升 20℃冷水升溫至 50℃，約花費 2 ～ 3 度用電。冬季洗澡，每次用電量約 3 ～ 4 度。	在冬季須等待水溫升高，需搭配 220 伏特插座。

Point 04

水塔，磚式易漏水

1 早期多為磚式

2、30 年以上的透天厝或老公寓的水塔，多以磚造搭建。裡面會施做防水層，甚至鋪設磁磚。大型水塔的內外附爬梯，以便清洗。在完美狀態下，防水層的年限為 20 年。過了年限之後，應該重新鋪設防水層。

由於紅磚易吸水，且防水層可能會因地震等拉力而破壞，久了之後，容易造成樓下漏水的情形。因此在整修時，不妨也一起更換，一般家用水塔只需花上數千元，卻能有效提升生活品質。

2 依照材質選購

選購時，塑膠材質者要避免不耐酸鹼的；不鏽鋼材質較耐用，但即使是 304 不鏽鋼材質，上方的蓋子也會因為長年被含氯的自來水蒸潤而生鏽。臥式的水塔會比立式的穩固些，容量則從 500 公升到 50 噸皆有。由於這些水塔會因為材質風化、壽命有限無法長時間使用，建議每 7 ～ 10 年必須更新。

Point 05 其他設備

1 加壓馬達，供應足夠水壓

頂樓或高樓層的房子常常水壓不足，若住宅座落的社區水壓偏低，就得設置加壓馬達來幫自來水增壓。一般住家選用馬力為 1/4 ～ 1/2HP 的即可，若使用按摩蓮蓬頭等需要較強水壓的設備，可選用 3 ～ 5HP 的加壓馬達。加壓馬達不用時最好關閉，比較省電，也可避免夜半運轉的噪音；開關設在室內也比較方便。

2 配備緊急備用電力

老公寓多半沒有設置緊急電源，為了未雨綢繆，建議可留一條配電線至樓梯間或頂樓，預留一個可以接發電機的插座。緊急電源插座之電流供應容量應為 110 伏特（或 120 伏特），並再配置一台發電機作為緊急照明使用。

裝修名詞 小百科

暖風機瓦特數

也就是發熱功率，瓦特數越高加熱速度越快，所以越大空間相對要選擇越高的瓦特數，不過若是空間坪數大，但又不想選擇瓦特數較高的機種，也可將設定時間加長，同樣可達到暖房效果。

暖房效率

意指在一定時間內讓特定空間內的溫度上升，並藉由風扇達到快速均溫效果，而非只在暖風機前才有高溫，建議浴室內應挑選快速暖房效率者，避免洗澡前須久候，或洗完澡浴室才慢慢變暖。

能源效率分級

經濟部的冷氣與冰箱之能源效率分級標示制度。將電器分為 1 級藍色、2 級綠色、3 級黃色、4 級橘色，以及 5 級紅色。最高 1 級為最節能，依此類推。消費者可依標章辨識產品能源效率，以便購買省電綠色產品。

監工最重要的就是要知道師傅在幹嘛，
一旦被師傅呼弄，
也就無法分辨工程做的對不對。

拆除前，要先做好大樓樓梯、走道的防護工程，避免傷到壁、地面。

依照家人的生活習慣，總電量要算足，

除了一般電器，還想加視聽設備、環繞式喇叭、甚至想在家中加個專業級的大烤箱，

都要在事前和設計師討論好，才能預留管線位置、算準總電量。

木作要注意貼皮貼得好不好，選的材質不要有甲醛，以免影響健康。

衛浴工程要施作，絕對要先塗上防水層，高度也要比人高，最好是做到天花板。

在現場監工，也要記得和師傅博感情，

溝通順暢，雙方也才能合作愉快。

Project

5 監工計劃

睜大眼睛看清楚，保障施工好品質

不論是請設計師或是自行發包，監工是裝修必要的過程，施工過程中最怕細節沒做好，事後反而麻煩一堆。然而，監工不只是設計師的責任，做個認真的屋主也是要定時監工，如何破解監工所發生的糾紛，避免問題的發生，是監工時一定要注意的。

項目時間	Part 1 拆除 約4～5天		Part 2 水電 約8～10天		Part 3 泥作 約20天	
施作內容	1	**拆除前的預備動作。**公共區和室內的保護工作要確實，避免造成額外損傷。	1	**水電管線換新不能省。**20 年以上的中古屋，建議重新配管並提升電容量，較能因應未來使用需求。	1	**材料進場時要驗收。**許多建材在進入工地時，建議先驗收材料的品項、數目是否正確。
	2	**拆除順序由天花、牆面到地板。**以保障拆除時的安全問題。	2	**強、弱電要要分清楚。**強弱電的管線配置要依照電器而分配，建議用電量大的電器，以強電專線配置較不會產生跳電情形。	2	**防水要做好。**地面要做好防水措施，材料本身的水及砌磚時的澆水動作，都有可能會從樓板的裂縫滲透至樓下。
	3	**拆除後的檢查。**確認結構是否穩定，電線、水管是否有破損。	3	**完工後要留配置圖。**為方便以後維修，要留下水電配置圖。	3	**水泥砂漿比例要對。**不論是砌磚或鋪磚，水泥砂漿比例要對，結構就穩固。
可能花費	拆除費	以工計價或以天計價。粗工一人 NT.2,500 ～ 3,000 元／天左右。	換管費	連工帶料，依管線長短而定。若 30 坪的房子全室更換，約 NT.18 ～ 25 萬元不等。	工程費	以坪計價，依照工程複雜度而定。
	保證金	依管委會而定，一般 NT.3 ～ 5 萬元不等。	排水管位移	每組 NT.1,800 ～ 2,000 元	貼磚費	價格不一，依磁磚尺寸、工法而定。
	清運費	多以車或以趟計價，NT.2,000 ～ 5,000 元／車不等。	電視＆網路出口	每口 NT.1,300 ～ 2,800 元		

職人應援團

演拓空間室內設計
張德良

衛浴防水最要注意

衛浴空間最常出現就是滲水情形，事前的泥作要確實做好防水層。同時不僅要在臉盆、浴缸和磁磚的接縫處以矽利康強化，同時在連接龍頭和水管的接縫處也要確實使用矽利康填補縫隙，才能有效從源頭防治滲水情形。

圖片提供 © 演拓空間室內設計

Part 4 木作 約20～30天		Part 5 油漆 約7～15天		Part 6 衛浴 約5～10天		Part 7 廚房 約5～10天	
1	**進場前的預備工作要確實。**木作圖面的尺寸要確定，不可有誤，同時避免雨天進場，否則會有受潮之虞。	1	**牆面先整理乾淨。**漏水、壁癌問題處理完全，壁紙要先剝落。	1	**確認水電圖無誤。**施作前確認水電管線是否都裝設完全，避免打掉重來。	1	**施工圖尺寸要確實。**避免完工後要更動位置。
2	**承載結構要注意。**不論是木作天花或木作隔間，都有可能會有載重的問題。	2	**批土打磨要確實平整。**要確實填補牆面釘孔，同時打磨要以燈光輔助，才能達到平整。	2	**五金零件承重要注意。**零件要選擇不鏽鋼的，較能防鏽；且釘掛在牆上的五金配件要注意承重量。	2	**設備電線事前牽好。**要安裝衛浴的電器設備，事先預留插座孔，以防買了卻無法用。
		3	**如遇開關插座，要貼上防護膠帶。**油漆要避免沾染到開關、窗框，事前防護要做好。				
木作天花	依造型複雜度而定。如平板天花 NT.3,000～4,000 元。	牆面油漆	約 NT900～1,200 元／坪。	馬桶費	依品牌而定，如壁掛式馬桶 NT6,000～10,000 元。	廚具設備	最便宜的一字型廚具 為 NT.10～12 萬元。
木作隔間	約 NT.1,000～2,000 元／尺。	木作上漆	約 NT1,100～1,300 元／片。	面盆費	依產地、材質而定，從 NT.4,000 元至數萬元都有。	櫃體＆檯面	依尺寸而定。
木作櫃	依面寬的尺寸而定。如矮櫃約 NT2,000～3,000 元／尺。						

Part 1　拆除工程

有破才有立，拆除是所有工程中的第一步，但在拆除之前，必須事先做好
結構和管線的必要保護措施，保障施工者的安全和房屋結構的安定。若稍
有不慎，發生意外或額外的成本損失，可就追悔莫及了。

Point 01

**拆除前的
預備動作**

1 提前告知管委會，簽署施工切結書

管理委員會是大樓住戶選派的管理組織，所以在拆除之前，要先到管委會
簽署施工切結書，載明施工時間、清潔費用、人員進出管制、保護措施等
相關事項。通常施工期較長時，管委會會要求保證金，保證金可由業主從
工程款中代墊，或是業主與設計師雙方協調分攤。

2 張貼施工公告

務必在電梯、出入口等顯眼處張貼施工公告，並留下聯絡電話。若在外牆
有搭設鷹架，記得做好防護與防塵，並且掛上警告燈具。即便是沒有管委
會的老公寓，也要做到事先公告的動作，以免打擾到鄰居的安寧。

3 室內外保護措施要做足

A 公共空間

只要是建材、機具會行經的路
線，建議都要做好保護工程，像
是電梯內部的四周甚至地面和天
花都需鋪上防撞的緩衝墊；而樓
梯間和公寓大廳的地面，則是要
鋪上地墊，在機具或材料行經時
才不會刮傷地板。

攝影 © 蔡竺玲

1 在機具行經的走廊鋪
上防刮、防撞的 PU 塑膠
布和夾板，以維護公共空
間的完好。

B 室內空間

若廚房、衛浴保留原狀沒有要拆除時，建議廚具、馬桶、洗手台等內部元件都必須使用防撞材料——PU 防潮布、夾板包覆，避免破損或留下壓痕。

圖片提供 © 演拓空間室內設計

4 開工前，做好敦親睦鄰

在拆除工程前先向鄰居做禮貌性的拜訪，讓鄰居預先了解可能造成的困擾與不便。如果工程期間有造成飛灰情況時，室內要有防塵網等措施。此外，拆除工程的噪音很大，盡量避開休息時間，控制在早上 9 點到中午 12 點、下午 2 點以後進行，避免影響鄰居安寧。

2 若室內為局部施工時，建議要鋪上防塵布保護傢具。

Point **02**

開始拆了，這些事情要注意

1 拆錯承重牆、剪力牆，房子容易變不穩

樑、柱和牆面皆用以支撐房屋結構，而加強結構的牆稱之為「承重牆」，作用在於分攤柱子、樓板承受建物本體的重量。另外，還有一種稱為「剪力牆」，主要功能在地震時可抵抗橫向拉扯的破壞。因此打掉承重牆會造成建物的結構倒塌，打掉剪力牆則會造成建物的抗震力減弱，在地震發生時房子會比較容易倒塌。因此，建築中規範不可隨意拆除剪力牆和承重牆。

在拆除前，可調閱原先的結構藍圖，分辨何者為承重牆和剪力牆，避免不小心拆掉。如若非更動不可，則須專業結構技師的鑑定，鑑定費用通常由屋主負擔。

3 承重牆一旦被破壞，房屋的支撐力就可能有危險。

4 剪力牆內有鋼筋，抵抗橫向的地震力。

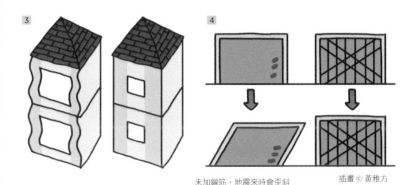

未加鋼筋，地震來時會歪斜

插畫 © 黃雅方

135

2 拆除前，先關水斷電防意外

拆除牆面、天花等，意味著內部的電線、管路也會跟著拆除，因此在拆除前要先做好斷水、斷電，避免工程中發生漏水、漏電的意外。

A 斷水

水可分為一般的家用水及消防用水，在斷水時消防用水不能隨便切斷，必須先注意總開關以及和大樓相關單位的協調，尤其如果未處理好可能會造成水流到樓下而與住戶發生糾紛。

B 斷電

在斷電方面，家用電切斷時記得要配具有安全保護裝置的臨時電，以利工地進行工作。消防電器比如緊急照明設備或感應系統如感熱器、偵煙器等則要做好保護裝置，拆除時務必小心，並且記得要恢復原狀。同時現場要做好消防措施，備有滅火器隨時應變。

圖片提供 © 演拓空間室內設計

3 管道間的水管要保護

若需要拆除衛浴、廚房，這些區域會有出水孔或排水管。在拆除前，管道的開口事先要保護好，避免水泥或磁磚掉落進去，在重力加速度的影響下，掉落的物品很可能會砸破隱藏在內的管線而造成損壞。

4 拆除順序由上而下

拆除順序一般來説是由上而下、由內而外、由木而土，現場可依照情況彈性調整順序。拆除時多半先由天花板開始，接著再到牆壁、地面，而由於有些櫃子與天花板連結，所以在拆除時要特別注意，避免塌陷的意外。

1 事前做好斷水斷電，以利工程順利。

A 拆除天花板，注意管線

天花板拆除時要特別注意管線，內藏的管線有可能是屬於樓上的管線，像是中央空調、消防灑水管。尤其曾經有變更過格局的，裡面可能藏有不同用途的線路。若遇到灑水頭或消防感應器，先敲除破壞周遭的木板，避免拉扯到線路。若有燈具，先將燈具卸下後再拆除。

B 拆除牆面，從中間開始破壞

拆除磚牆時，從中間開始敲打讓上方牆面自然崩塌，可有效節省拆除的時間，但要注意不可從最底下開始拆，避免大面積的牆面塌下造成意外。拆完之後，要檢視未拆的磚牆是否有倒塌的疑慮。

C 拆除地板，要注意防水工程是否有到位

若地面的磁磚要拆到見底，事先必須要做好防水工程，否則施工中可能會發生滲水到樓下的情況。地磚拆除完後要檢視殘留的水泥是否有清乾淨，並且管線是否毀損。

圖片提供 © 演拓空間室內設計

圖片提供 © 演拓空間室內設計

2 拆除時注意天花板管線，尤其是消防系統，避免誤觸警報。

3 從牆中間開始拆除，節省時間。

4 拆到見底後，要注意水泥是否有清乾淨。

5 門窗、馬桶最後拆除

在不影響清潔與供排水的情況下，馬桶可留在最後拆除，以方便工作人員在現場使用。而大門和對外窗需要重新更換拆除時，為了不讓宵小有機可趁，建議最後拆較為保險，避免有門戶大開的空窗期。

施作內容				
	防護工程	做好公共空間和室內的防護工程，並於大樓張貼施工公告。	保護工程	因保護複雜精細度、面積大小而定，一般約 NT.400 ～ 1,000 元／坪不等。
	斷水電	確實做好斷水斷電，並配置臨時水電便於施工。		
	拆除木作	木作櫃的門片和層板都要事先取出，再用鐵鎚破壞。	拆除費	以工計價或以天計價。粗工一人 NT.2,500 ～ 3,000 元／天左右，小工約 NT.1,500 ～ 2,000 元／天、零工（負責搬運和裝袋）約 NT.1,500 元／天。
	拆除泥作	隔間牆從中段開始拆，同時若拆除地壁磚，需要仔細確認是否拆除乾淨。		
	拆除窗戶	確認窗框是否同時更換。拆窗後若遇雨，則以帆布遮窗解決。		
	拆除門	建議門片的拆除和安裝時間要安排得宜，避免有門戶大開的空窗期。		
	清運垃圾	拆除後的碎料可請環保局派專車前來清運。	清運費	以車計價，約 NT.2,000 ～ 5,000 元／車

※ 以上為參考價格，實際價格依市場波動和個案複雜度而定。

Point 03
拆除後的檢查

1 地面磁磚拆到見底，水泥需完全清除

若要拆除地面磁磚時，拆除完成後要注意水泥是否有完全清除乾淨，一旦舊有的水泥殘留在上面，後續新的水泥砂漿就不容易附著，使新的磁磚無法緊密貼合，事後可能就會出現地板翹起的現象。

2 釘子都要拔除乾淨

不論是拆除天花、木地板或木作櫃時，這些項目多用釘子固定角材，因此拆除時要注意釘子是否有拔除乾淨，避免後續有工人進場施工，發生人員受傷的意外，或是造成施工不良的結果。

3 管線是否有破損

在拆完後，最重要的就是檢查各個管線的完整性，水管是否有滲漏、電線是否有破損等。一旦有破損，建議應請拆除工人立即修復，否則等到水電進場時，還需另外支付修復的費用。

常見糾紛 Q & A

Q. 事後清運多兩倍費用？！

要支付拆除費用時看到單據上的拆除費用竟比一開始估的還要高很多，一問之下才發現清運費依照樓層而逐漸提高，但事先沒有說明，這樣付費合理嗎？

A. 事前簽約時註明樓層和清運費用。

有些社區管委會會要求以袋裝的人力方式清運，隔絕廢棄物接觸到大樓公共空間，而清運費用會因樓層越高而逐漸增加，建議在簽約前，確認清運的收費方式，並於合約中註明，避免事後糾紛。

圖片提供 © 演拓空間室內設計

Q. 打破水管，拆除和水電工班相互推責？

拆除後要做水電管線重新工程，卻發現水管破裂，請水電工班來修補，說是拆除時就打破，找到拆除工程的工頭，卻又推說是水電的問題，這該怎麼辦呢？

A. 監工時確認每個管線的完好度，並拍照記錄。

拆除完畢後，建議應巡視每個水管、電線，並拍照記錄，若事後發現管線有問題，在責任歸屬上也能有所依據。若拆除過程中即發現打破水管，應立即找出破損處，請水電工班來處理、修補，此時處理的費用應由拆除的工班負責。

裝修名詞 小 百 科

見底

敲除牆面或地板，直到看到紅磚面或防水層底部（RC）為止，通常若需要重新鋪上磁磚、大理石時，才需拆除至見底。

切割

針對樓板的局部開挖，或是對室外門窗的部分開孔，以不傷及結構或破壞大廈整體外觀為原則。

Part 2　水電工程

埋在牆內的管線是老屋看不到的隱藏危機，通常水電管線使用年限約在
15～20 年左右，超過 20 年以上的老屋，建議最好全面更換管路，避免有
漏電、水管破裂等問題。

Point **01**

**做好水工程，
不再變成
漏阿厝**

1 動工前，檢視排水管是否阻塞

老屋的陽台、衛浴和廚房的排水管容易因污垢囤積，使排水管的管壁變
窄，排水功能變差，甚至有阻塞情形，建議事先檢查哪些區域可能有問題，
避免裝修完了，還要打掉換管的情形。

檢測排水項目		
	馬桶沖水是否有阻塞的情形	□ 是 □ 否
	打開各區域的水龍頭檢測排水孔是否有積水	□ 是 □ 否
	陽台放水，有積水不退的情形	□ 是 □ 否

2 先配熱水管，再配冷水管

事前做好管線計畫，包括排水圖、進排水系統，並勘查供水系統，另外也
要注意施工人員是否具有甲、乙種水電匠執照。在施工時，要注意需先配
置熱水管，再配冷水管，由於冷熱水管有水壓的關係，在經過其他管線時，
要注意高度，做好避讓措施。

3 選對冷、熱水管材質，千萬別混用

舊式的熱水管多為鐵管，可能會有鏽味產生，目前多用不鏽鋼管，管線外
還需包覆保溫套，避免熱水輸送時，喪失過多的熱能。而冷水管通常會使

用可彎曲的 PVC 塑膠管，也可使用金屬管，只是轉彎的角度會有限制，在配置時要注意。另外，要避免不同材質的管線相接，若不鏽鋼管接 PVC 管，兩者的抗壓係數不同，容易產生爆管的情形。

管線施工順序

熱水給水管 ▶ 冷水給水管 ▶ 排水管 ▶ 糞管

配管價格	PVC 冷水給水管	約 NT.1,500 元／口
	不鏽鋼壓接管熱水給水管（披覆）	約 NT.2,000 元／口

※ 以上為參考價格，依市場調整而有所變動。

4 PVC 管分出 A、B、E 三種類型

PVC 材質是冷水管主要的使用材質，其中大致分為 A、B、E 三種，不得混合使用。A 管為電器管，B 為冷水進水管，E 管為排水或電器用管。PVC 管在火烤彎管時要小心避免燒焦情形。

5 排水管和糞管的排水坡度要足夠

由於排水管和糞管需要排出污水，因此要特別注意排水坡度的斜率是否足夠，是否能自然洩水，否則會產生積水的情形。通常洩水坡度約為管徑的倒數，50mm 的管線，需有 1/50 的坡度。另外，要注意糞管不能有太多彎折，以免之後產生阻塞不通的情形。

圖片提供 © 演拓空間室內設計

1 糞管不能有過多彎折。

141

6 衛浴位移距離越遠，地板架高越高

一般傳統馬桶的管線是埋在地面，若老屋衛浴空間移動的距離較遠，糞管坡度就要越斜，再加上老屋的樓板多較薄，無法向下挖深，就需架高衛浴地面，方便管線經過，但反而犧牲室內高度。因此，可改用壁掛式馬桶，將糞管轉而埋進牆面，解決需要架高的問題。要注意的是，由於糞管的路線必須依牆而行，若馬桶的位置位移得很遠，糞管有可能就會行經室內的隔間牆，就要小心安排格局位置，讓管線不被中斷。同時，這些管線外層需要包覆隔音棉，避免水流聲干擾居家安寧。

圖片提供 © 馥閣設計

1 壁掛式馬桶需埋進壁面，可解決地板架高問題。

7 連接公共管線的給水管，建議重新更換

通常 40 年以上老屋的公共管線多使用鑄鐵管，可能會有生鏽、變薄的問題。雖然室內管線已更換，但若水塔到水表、水表到家裡的外部管線未更換，仍舊可能會有鐵鏽味的情形發生，建議同時更換較能一勞永逸。

8 原有排水管不用，需密封

若因為管線位移，導致原有的排水管線不需使用時，可用管帽或塑膠袋堵住管線開口，在水管內以矽利康密封，確定完全填補後，再塗上防水層直到與 RC 齊平。另外，若是要封住給水管，由於因為有水壓的問題，給水管必須用金屬或塑膠止水密封，切記在施工前需要先關水再施工。

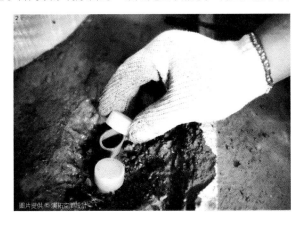

圖片提供 © 演拓空間設計

2 利用管帽封住水管口，並以矽利康填平密封。

9 陽台使用高腳落水頭，排水不阻塞

很多老屋最怕遇到下雨天，不僅牆壁滲水，甚至會有積水不退的情形，這種情況多發生在陽台，若陽台處原先使用一般的排水孔，容易會有落葉進入，造成阻塞，建議陽台處選擇高腳落水頭，防止異物進入。

10 廚房和衛浴地排位置放在水槽前最好

在廚房和衛浴空間的地面排水孔，建議位置可安排在流理台洗槽和洗手台前方，以便發生漏水也能在第一時間排水。另外，安排的位置也要配合磁磚計畫，由於可能會選擇大尺寸的磁磚，若將排水孔設置在磁磚的中央，反而不利排水。建議排水孔安排在磁磚的交接處，可透過下斜坡度排水。

3

圖片提供 © 演拓空間設計

3 沿磁磚交接處安排排水孔。

11 施工中避免將廢棄物倒入排水管

施工過程中則要注意工人是否有將水泥砂漿、廢棄物或有機溶劑倒入排水管。一般來說，像是水泥砂漿需要經過沉澱後，讓泥沙和水分離，事後只要把水排掉即可。但有些劣質的工人為了省事，將廢棄物或砂漿直接倒入水管，日積月累可能造成阻塞或管壁溶解滲水，反而事後難以修復。建議在施工時要特別注意。

12 壁面出水口與牆面接縫，務必打上矽利康

在安裝衛浴空間中的浴缸或淋浴設備時，建議在壁面與給水出口處打上矽利康，若需要額外在壁面鑽孔，安裝設備的金屬零件時，也需要打上矽利康。由於一旦鑽孔，就是破壞了壁面防水層，為了避免水氣滲入，在層層關卡都需要小心謹慎。

13 完工後的給排水檢測

冷、熱水管接好後，可以打開總水閥放水測試水壓，檢查有無滲漏、接點是否確實。排水系統則可以透過開啟水龍頭、馬桶多次沖水，與洗臉盆的蓄、放水步驟，確認是否順暢。

14 配管完成時，拍照記錄便於維修

一旦給排水管完成後，便會開始施作泥作隱藏管線，日後若有問題要維修時，往往會需要大動工程找出問題的源頭。因此建議在完成配管後，拍照記錄管線位置，並在照片上標註水管在牆面的高度、寬度等尺寸，在各接點都要記下定位座標，方便維修。另外，各種進排水系統都要預留維修孔蓋，蓋子要盡量密合，預防滲水或異味產生。

水工程施工順序

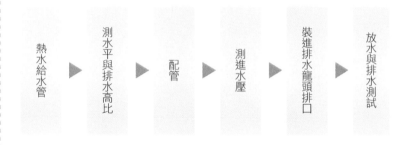

熱水給水管 ▶ 測水平與排水高比 ▶ 配管 ▶ 測進水壓 ▶ 裝進排水龍頭排口 ▶ 放水與排水測試

Point 02
增加電容量，避免跳電危機

1 總電量施工前算清楚

老公寓的電容量往往無法負荷現今的用電量，因此在和設計師討論整修規劃時，設計師就會依照你的生活需求、設備種類和數量去估算需要用到的總電量。一般 30 坪住家配置 75 安培，若有更多的設備需求，可能會達到 150 安培。發現若有總電量不足的情形，需先向台電申請增加外電，再去配置室內的電線，否則即便室內電線都換好了，但電力公司提供的電容量並未增加，也是無法使用的。

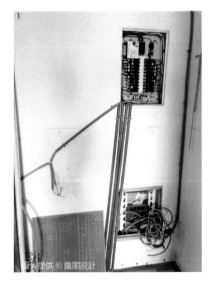

圖片提供 © 馥閣設計

1 總電量要足夠，依照全家人的用電需求而定。

2 配電盤一起更換

絕大部分的老屋更換電線時，會一起提高總電量和新增迴路，但若舊配電盤太小，無法容納新增的迴路，配電箱就需要換成大型的。要注意的是，除了室內電線之外，接在電箱後面的電線也要一起更換，不然等於只換了半套，一樣有可能會發生用電安全問題。另外，電箱本身最好使用無熔絲開關較為安全。

圖片提供 © 演拓空間設計

2 電箱內部要清楚標示，確認每個無熔絲開關分別代表的區域為何，便於日後需要再次啟動電源或檢修時的辨認。

3 區分專電、專插和弱電

不同電器會有不同的電量需求，有些用電量大的設備需要自己專門的迴路，直接拉出專用電線直達配電箱，避免和其他電器共用同一迴路，否則容易引起跳電問題，像是暖風機、嵌入式微波爐等都是使用專電，而像是洗衣機、烘乾機等這些都已規劃好固定位置的電器，則是需要專插。另外，網路、電視線等則是被歸為弱電，可利用弱電箱集中管理。

電器供電系統比較		
冷氣	1 若冷氣為分離式，確認供電系統是由內機供電或外機供電。
	2 以一機使用無熔絲開關為原則，切勿多機串接。
電視	1 注意電視線品質。
	2 每條電視線的接點是否確實。
	3 盡量減少電視線出口過多，造成訊號衰減、畫面不清楚。
網路 / 電話	1 兩者外觀看起來一樣，但電話線可以串接，而網路線是屬於獨立接線。
對講機	1 對講系統最好經由專業廠商進行維修更新，防止自行拆裝造成損壞。

4 確定圖稿是否正確

施工前確定所有圖稿，比如水電、空調、弱電配置圖，另外施工人員也需要具有甲、乙種證照才可執行業務與安裝施工。

5 不可使用回收的舊電線

電線有分為戶外使用，或活動式供電的活動纜線。檢查所用電線是否為經由政府認證、符合不同供電線徑的電線材，嚴禁使用再製、回收或用過的舊電線。另外，也要注意電線的線徑不能太細，以免無法負荷。

6 要注意線材保護與固定

泥作結構內要使用 PVC 硬管來作保護，而活動配線至少要套上軟管保護並且做適當固定，以避免晃動鬆脫。線材遇到接線情況，如果使用搭接方式，要確定使用電器膠帶確實纏繞以避免漏電。並且預防多線造成接觸不良，或是功率、電壓下降，造成電器用品的損壞。

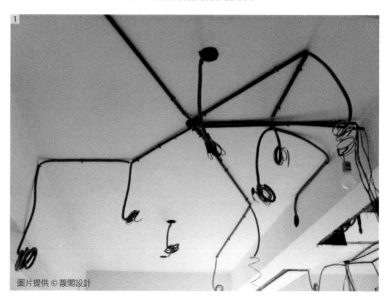

圖片提供 © 馥閣設計

1 選擇合格電線規格。切記不可用舊電線施作，以免造成用電危險。

7 順時鐘繞線確保電流順暢

電線不能逆時針繞，因為電流是照順時針方向運行，若以逆時針方向纏繞就會發生電組或電桿作用，導致電線過熱發生危險。在拉遷線路、配線孔時，注意不要穿越或破壞樑、柱。

8 出線口的位置要在順手的地方

出線口意指電源出口或電燈出口，一般插座會安排在設備附近，通常會考量高度是否順手，以及隱蔽性的美觀問題。因此，電線放樣後，屋主可到

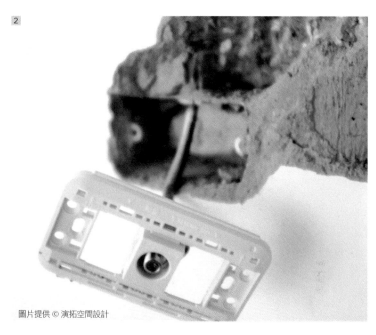

圖片提供 © 演拓空間設計

2 出線口若在輕隔間上要加強支撐，避免鬆脫。

現場確認開關、插座的位置和數量，避免日後使用不便。若出線口的位置是做在木板隔間或輕隔間時，一定要做好出線盒的固定支撐，否則容易因為鬆脫而發生危險。

9 弱線更換需全部重換，不建議搭接

由於弱線線徑較細，若是要更換弱線或是移動位置時，建議不要保留原始弱線或用接線的方式延長，最好直接全部抽換，避免訊號衰弱，造成無法接收的情形。

10 完工後對照圖面是否正確

電線全部配置好後，要檢視圖面和現場施工是否一致，要注意線材不可外露，弱電和強電的電線必須區分開來，不可共用。若未照圖面施工，導致日後必須重拉電線，電線就只能用明管的方式外露在牆面上，反而增加用電的危險，因此在施工中不可不謹慎。

圖片提供 © 馥閣設計

3 電線配好後，注意圖面是否和施工一致。

147

11 預留管槽和維修孔，方便日後更新

若是日後會有更新影視設備的需求，建議先預留管槽設計，可搭配木作封板施工，預留足夠的空間更換線材。另外，考量到日後要重新更新管線的情況，建議預留維修孔，也就不需大動工程了。

電工程施工順序

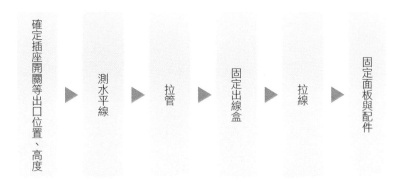

確定插座開關等出口位置、高度 ▶ 測水平線 ▶ 拉管 ▶ 固定出線盒 ▶ 拉線 ▶ 固定面板與配件

裝修名詞小百科

專電

是指供電給大負載特殊固定設備所使用的電源，像是冷氣、嵌入式烤箱、暖風機等。

專插

是提供給可移動的大負載型家電使用的插座，像是電熱器、烘衣機等。

弱電

只要是傳遞電器訊息的都屬於弱電。包含電視、電話、網路、監視錄影、防盜保全、門禁管制等。弱電箱就是整合全室弱電訊號的配電箱。

出線口

又稱為集線盒，為各種開關、插座的出口，透過面板做為集中點。安裝時注意需牢牢固定以及蓋板要密合。配置集線盒的時候，可在牆面註明尺寸，並確認水平整度。

常見糾紛 Q & A

Q. 管線漏水沒有馬上處理，封牆後馬上出現滲水？！

浴室有條水管明顯有滴水，水電師傅說會處理，結果泥作進場，磁磚也貼了，才發現原先的漏水處根本沒有處理好，牆壁一直滲水。水電師傅說解決的方法可能需要整面牆打掉重來，我可以要求師傅全額負擔拆除和復原的費用嗎？

A. 證實是師傅未處理好，可以要求師傅全額負擔，並建議未解決水管漏水前，不要先封牆。

若在驗收時發現有管線未拉好或有漏水情形，先拍照存證並請水電師傅前來修繕，可規定修繕期間的天數，請師傅在限期內完成，再進行第二次驗收。由於水電管路可能無法即時察覺問題點，建議修復後再等 2～3 天測試水壓，若管線沒修復好，增壓後可能還是會有滲水的情形。一旦泥作進入，貼磁磚封牆後，有滲水問題發生往往也就來不及了。

圖片提供 © 馥閣設計

另外，以本案來說，在拆除修復之前，要先和水電師傅交涉好，如果當時有拍照存證是師傅未處理好即封牆的話，是可以向他求償的。

Q. 水電亂牽不能用，想開除師傅不付費，卻被威脅要找新的水電師傅求償。

朋友介紹水電師傅幫我們牽管線，沒有簽合約就直接施工。但是師傅聽不懂我們的需求，管線都照自己意思牽，想開除他且不付費，卻被師傅威脅工程都做下去了，若是找新的師傅重弄，會直接找新的師傅要工程費，我一定要付錢給他嗎？

A. 不管是何種工程，合約一定要先仔細審核簽約再動工。

室內裝修一定要經過簽訂契約才能進行施工，不但是保障屋主，也是保障施工者，雙方的權益都顧到了，才能降低施工中的糾紛問題。因此只靠口頭討論而欠缺白紙黑字記錄，很容易讓人產生糾紛。像以上這種情況，建議將水電師傅做的工程拍照記錄，證明施工有瑕疵，可不用全額支付。

Part 3　泥作工程

泥作工程是整個工程中最重要的一環，尤其在工程中要遇到要隔間、鋪設磁磚、安裝門框及窗框等，都會動到泥作。因此，這裡將介紹各種關於泥作工程的注意事項，以利監工過程能夠更加流暢。

1 砌磚牆，室內最常用的隔間

砌牆，通常發生在做隔間時，必要的泥作流程。一般砌牆有分為四寸磚及八寸牆。 所謂四寸磚，是指1/2B（1B = 24cm）磚，適用於室內隔間時使用，一般來說四寸磚的隔音以及防火效果佳，較輕鋼架隔間來得好。八寸磚則是專門用於戶外牆隔間或分戶，防水及載重的功能都較強，八寸磚一般用於結構隔間，拆除的時候需要進行整體的結構分析。

2 事前先做放樣，施工不重來

一般施工前需先放樣，清理好地面，以墨斗彈出所要砌磚的位置，再以水線用鋼釘固定，作為移動的基準，這水線需為活結，以利上下活動。放樣一旦精準，就能減少施工的誤差。

1 利用墨斗或雷射光放樣。

圖片提供 ◎ 演拓空間設計

3 不可一日砌完

一道隔間磚牆，一天最多只能砌 1.3 公尺高，這乃是基於磚牆砌太高的話，會因擠壓而造成磚牆變形，甚至有崩塌的情形。因此應分兩次、兩日進行，等磚牆縫隙的水泥乾燥，再繼續施工，避免增加施工的危險。當砌牆至天花處時，磚牆與天花之間的縫隙需注入水泥補滿，以免日後產生裂縫。

4 紅磚在施工前一日需先澆濕

因為紅磚易吸水，在施工前一天通常會先行澆水淋濕，以增加與水泥砂漿的附著力。一旦紅磚未充分澆濕，當塗上水泥時，紅磚便會吸走水泥中的水分，使得黏著力變差，反而容易造成危險。

5 地面的事前防水工作不能省

砌磚前務必要做好防水工作，尤其是地面也要做好防水措施。這是因為磚牆需要適當的濕潤，使施工當天讓紅磚與水泥吃得更緊；再加上砌牆的當下，也需要澆水。材料本身的水及砌磚時的澆水動作，都有可能會從樓板的裂縫滲透至樓下，因此必須做好防水。

6 砌磚以交丁方式砌疊

砌磚時，磚塊與磚塊重疊處需以交丁方式砌疊，也就是上下排的磚縫不可位於同一直線上。在有外力的情況下，能分散推擠的力道。若是每塊磚上下放在同一位置上，磚縫為一直線的方式，日後若有地震來襲，就容易從磚縫裂開。

另外，磚縫需維持在 1 ～ 1.5 公分，並確實以水泥砂漿填充，預留的磚縫能讓之後的水泥具有附著力。

1 每日砌磚的高度不可高於 1.3 公尺。

2 直砌的方式，易受外力而裂開。

3 交丁砌磚，可分散力道。

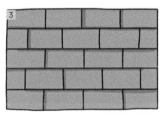

1
圖片提供 © 演拓空間設計

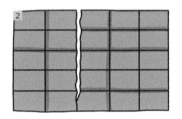

2

3
插畫 © 黃雅方

7 新、舊牆交接處以植筋固定

若在舊牆的隔壁另砌一道新牆，由於會有接縫處無法百分百密合的問題，若未經適當的處理，很容易地震來時，就會從新、舊牆接縫處裂開。因此要在新砌磚與舊牆之間適當的植入鋼筋固定，藉此加強磚牆的穩固性，避免裂縫產生，引發倒塌的危險。

8 記得刮除多餘的砂漿

在砌磚時，每日收工前需以鋼板鏝刀將磚牆擠壓而出的水泥砂漿輕輕刮除，讓牆面保持平整，否則日後打底粉刷時，會造成高低不平的海浪波紋，使得貼磚時會產生不平的情況。

9 磚牆完工後再靜置，等待乾燥

磚牆砌完後，建議再靜置一段時間，等待牆面乾燥，在進行之後的打底等工程，否則水分就會被封在牆內，與水泥或紅磚產生化學變化，可能產生白華現象，也就是俗稱的壁癌，那就得不償失了。

圖片提供©許祥德

1 新、舊牆面放入約 20 公分長的固定鋼筋或 L 型固定片，就稱為植筋。可加強牆面的咬合。

磚牆施工工序		
	放樣	畫出砌磚的尺寸，確保完工後的磚牆不歪斜。
	澆水	紅磚充分吸水，增加與水泥的附著力，讓牆面更穩固。
	吊線	精準維持牆面的垂直和水平線，避免施工中產生越蓋越斜的情形。
	打栓	新、舊牆之間，每砌好五塊磚塊的高度時，與舊牆之間植入固定鋼筋。

打底先做好，牆面更平整

1 施作打底前的注意事項

A 配好水電管線

磚牆砌築完成後，等水泥砂漿乾固約 24 小時以上再進行管線的開鑿，砌磚配管完成後，所有管線溝槽空隙以填縫材或 1：4 的水泥砂漿補平，砌磚完應在牆面上覆蓋草蓆或麻袋，防止直接日曬和水分蒸發並確實做好養護。

粉刷前要先注意地壁、水管、電線都裝設完成，並確認所有管線位置、孔徑都有照著圖面來施工。一旦進行泥作粉刷，遇到管線需要更動，有可能就得打掉重做。

B 確認門窗框垂直水平位置

確認門框、窗框是否在施工不小心因撞擊、碰觸，而造成原先的垂直、水平位置移位。若未經確認就進行灌漿填縫，未來在開關時可能因歪斜而開闔困難。在門窗與磚牆間隙，通常會使用木頭、報紙臨時固定，記得灌漿前要事先拿走，否則容易漏水。此外鋁門窗收邊要用 1：2 的水灰比加上防水劑確實做飽滿；室外要做斜邊洩水、室內要做直角收邊。

圖片提供 ◎ 演拓空間設計

2 新施作的磚牆，會預先留下門框的位置，門框上方利用眉樑支撐。

C 要先作好灑水工作

在施作打底工程前，紅磚壁面要做好灑水、洗淨的工作，作為水泥粉刷前的濕潤，再適當灑水泥粉，以增加結合力。

2 水灰比例維持 1：3

堆砌磚牆完成後，在磚牆表面上使用 1：3 的水灰比打底，能強化磚牆的物理結構。如果水灰比中，水泥的比例過高，容易使牆面因收縮而造成裂痕。在施作上，水泥粉刷一律要刷到頂，尤其浴室廁所紅磚不能外露，粉刷不完全將會躲藏害蟲或產生防水漏洞。

3 灰誌材料要慎選

磚牆中會利用四方形的「灰誌」，作為水平線的基準，以達到打底的平準度。使用灰誌時，一定要用垂直水平線的交叉點，距離不超過 1.2 公尺，且材質不可使用有機質如木頭，因為有機質容易腐爛，可能會造成磁磚掉落。

圖片提供 © 許祥德

圖片提供 © 演拓空間設計

圖片提供 © 演拓空間設計

1 在牆面中方型的就是「灰誌」，水泥粉刷完工後就會被遮蓋住。

2 打底

3 粉光

4 先打底，再粉光

為了使牆面平整，以利後續的油漆等工程順利進行，在砌完磚之後，會進行打底→水泥粉光的施工步驟。一般來說，打底需使用1：3的水灰比來塗抹，主要能加強牆面的結構。接著再進行粉光，粉光的水灰比為1：2或1：1，因為水灰比越高、密合度較好，比較不會透水，適合用作油漆前底面的防水粉刷。要注意的是水灰比要正確，且水泥不可塗太厚，過厚容易造成裂縫。

5 掌握「一粗底、一面光」原則

做好粗底後，需等待約1日，等快乾時才能粉光，以方便後續上漆。不然貪快先油漆，當水泥比油漆慢乾，因為水泥乾了會收縮，就會令油漆龜裂，非但不美觀更造成日後修繕問題。

6 水泥砂不能混摻雜質

水泥砂一定要用乾淨的砂子，不可摻雜貝類、泥土、有機物等雜質。使用前要來回乾拌兩次以上，以維持均勻。堆放時防護要做好，不能隨意倒在泥土上。水泥砂要篩過，粉光時嚴禁加入洗衣粉或是酸鹼活化劑，因為加入洗衣粉後水質會變滑，加上比例不對，將使水泥砂的結合出問題。

7 檢視打底是否平整

確定所有牆壁打底粉刷面的垂直與直角，不能有的太厚、有的太薄，太厚可能會裂開，如果沒仔細檢查的話，在日後貼磚時，將會出現大小片或貼斜的情況。

4 進行粉光之前，要先做篩砂動作，經過這個步驟能選出較小且細的砂粒，粉光後的牆面會更細緻平整。

圖片提供 © 演拓空間設計

Point **03**

**防水要做足，
事後無煩惱**

1 衛浴、陽台、廚房，一定要做防水

最容易遇到滲水的空間，就是在衛浴、廚房和陽台，若本身位於頂樓或住透天厝的人，也注意頂樓的防水問題。另外，若想將自家陽台改成花台時，也需特別注意做好防水，避免水流滲漏到樓下。

2 防水漆一定要做兩層以上

選擇防水漆時，要注意必須選油性的防水漆，且地面和牆面都要使用同一材質，才能銜接順利，日後才不會有問題。防水漆建議要漆 1 ～ 2 層為佳，確保防水力足夠。

3 衛浴空間，防水做到頂

衛浴空間的防水建議整室重新施作，不要只做部分，導致防水線交接不密合，日後漏水需要花更多時間拆除修補。而衛浴的防水高度傳統是做到 180 公分，但是建議做到頂最好，可以減少水蒸氣滲入。

圖片提供 ◎ 演拓空間設計

4 廚房壁面、地面都要防

廚房最常出現的漏水問題多是因淹水，導致水流滲漏至樓下，因此，在塗刷時除了壁面之外，地面也要確實做到。塗刷防水漆時要先將地面砂粒、碎石清理乾淨，防水塗料能確實與地面密合，達到填補防水的功效。

1 一定要選擇油性的防水漆。

2 地面塗防水漆前，先清理乾淨。

圖片提供 ◎ 演拓空間設計

5 陽台、頂樓的女兒牆也別放過

屋頂或陽台花園的地面，可能會因為要植栽澆水，所以有可能會有滲漏的情形。建議將原有覆土清除後，重新施作防水工程。另外，女兒牆的部分也要記得打掉磁磚或油漆塗層，進行 30 公分左右高度的防水施作。

攝影 ⓒ 沈仲達

3 中古屋的頂樓防水切記一定要重新施作，轉角處也要加強防裂網，避免地震搖晃影響防水效果。

Point 04
貼磚工程，重視黏合度

1 到貨時，先檢視材料是否有瑕疵

通常建材會直接送到工地，因此到貨時，要先驗收材料是否有瑕疵。首先要先確認批號、編號、顏色、尺寸，以及包裝有無破損等細節。一旦經過點收，在產品品質無虞的情形下是不能退貨的。在檢查磁磚是否平整時，可拿兩片磁磚以面對面的方式，比對看看有無翹曲情形。

2 到貨後慎選存放地點

因為磁磚重量不輕，加上數量一多，移動起來就相當不容易，所以一旦到貨就要直接放到預先計畫的工地放置地點，嚴禁堆放在大樓的公共區域或是房屋外頭，不僅造成公共通道阻塞，更避免遺失、毀損。

3 磁磚立放避免刮傷釉面

在施工前，拆箱將磁磚一片片拿出來時不應平放，否則非但不好拿取，釉面與背後粗面層層堆疊、加上磁磚本身重量，非常容易刮傷表面。若需要標識記號，也要記得不要使用油性筆，避免透心式材質汙損。

4 放線要準確

地、壁面放線一定要精準。貼磚時，要讓地面與壁面的線對稱，也防止磁磚貼完後高低不同，另外也可用於了解溝縫的尺寸大小，因此要特別注意施工前的放線處理。

5 砂漿比例要正確，磁磚不膨共

水泥、沙、水的酸鹼成分比例超過標準，會在磁磚間隙產生透明白色結晶狀的白華，因磁磚吸水作用，讓表面釉料產生化學變化，形成黑斑，因此要特別注意。另外，若砂漿比例不對，也可能造成黏著力不足，使得日後磁磚翹起、澎共。

6 常見施工方式

A 大理石乾式施工法

圖片提供 © 許祥德

使用以適當比例調和的水泥和砂石鋪底，鋪平的水泥砂，以抹刀抹平後把易膠泥（泥漿）與水泥以 1：4 的比例攪拌均勻的潑灑在砂土上，面積大小略大於一片欲鋪設之磁磚再行施工，益膠泥是為了要將磁磚與水泥沙做結合。再以填縫劑補滿磁磚之間的溝縫。清掃完後再加以擦拭，待乾時間需 24 小時，才可踩踏。

1 貼磚前，要注意調和出適當比例的水泥砂。

地面磁磚乾式工法流程

地面清潔
▼
地面防水
▼
測水平線與高度灰誌
▼
水泥砂拌合
▼
地面水泥漿
▼
置水泥砂
▼
試貼磁磚

▼
取高磁磚檢視磁磚底部
▼
修補砂量
▼
置水泥漿
▼
放置磁磚
▼
敲壓貼合
▼
測水平

B 半乾式施工方式

為了避免大理石施工法有時會有石英磚空心的問題，目前有研發出改進的半乾式施工。先將水泥沙弄濕，然後在地上抓出水平後，在水泥沙還呈現半乾時，淋上泥漿，目的是要讓磁磚與水泥沙更緊密地結合，來避免空心的問題產生。

地面磁磚濕式工法流程

地面清潔

地面防水

測水平線

水泥砂拌合

地面水泥漿

修水平

置水泥砂

放置磁磚

敲壓貼合

測水平

C 義大利施工法

以目前義大利的施工法來說，以齒度深度 2 公分的齒鏝刀做硬底施工，雙面塗抹，100％避免了石英磚翹起或空心的問題。而國內一般傳統施工在鋪設完石英磚後，直接用鐵鎚敲取水平，但義大利施工則採用特殊的橡膠震動器來做精確的水平基準，並採用高品質的橡膠鏝刀及填縫劑補縫。

7 裝設收邊條需注意磁磚厚度

磁磚收邊使用 PVC 角條、收邊條時，要配合磁磚厚度，由於磁磚規格不同，沒注意細節的話會出現高低差的現象。另外，任何開口如門、窗做壓條收邊時，要以 45 度切角為準，不能有過度離縫、搭接或破損情形。

8 貼完磁磚隔天再抹縫

為了使溝縫材質可以和牆面確實結合，貼完後隔天再抹縫，可避免日後剝落龜裂。溝縫所採用的顏色也要事先溝通，記得要配合磁磚色彩，讓最後呈現出來的大面磚面能符合自己的期待。

9 配合排水孔要用完整磁磚切割

遇到地面排水孔或開關，千萬別以零碎磁磚拼湊，使用完整磁磚切割會比較安全與美觀。並注意磁磚與排水孔高低差的坡度，鋪設好後要仔細檢查，才不會發生日後局部淤積的狀況。

攝影©Amily

1 抹縫的填縫劑，建議貼磚後的隔天再做。

10 敲敲看有無空心

完工後可試敲看看磁磚，若發出空心的聲音，代表磚體和水泥沒有密合，建議打掉重做比較保險。

Point 05

**貼覆石材，
要注意穩定度**

1 購買時注意紋路顆粒

大理石最吸引人的就是花紋，在挑選時要考慮紋路的整體性。而紋路顆粒越細緻，代表品質越佳。若表面有裂縫，則表示日後易有破裂的風險。若鋪設大面積的地坪或壁面時，基於色澤和紋路的考量下，最好材料都是來自同一塊石材，較能呈現整體的大器質感。

2 一觀、二聽、三試

一觀就是「觀察」，看石材外表是否方正，取材率就較高，同時石材本身密度高的，亮度與反射程度也較好，品質較高；二聽是可用硬幣敲敲石材，聲音較清脆的表示硬度高，內部密度也較高，抗磨性較好，吸水率較小，若是聲音悶悶的，就表示硬度低

攝影©Yvonne

2 注意石材的紋路、硬度是否適中。

或內部有裂痕，品質較差；三試則是用墨水滴在表面或側面上，密度高的越不容易吸水。

3 驗收時，注意石材編號

當石材送到工地時，要注意石材的編號是否有連號。因為原石剖片之後都會有編號，嚴禁抽片，否則會造成紋路無法連接的情況，並注意在安裝過程中是否有造成污損或刮痕的情形。

4 石材加厚更顯大器

一般石材為 2 公分厚度，為了增加厚實感，通常會在邊緣區加貼一片或多片，使整體看起來更加大器。也可以在正面貼一塊適當尺寸的板面，也能達到相同效果。在做加厚的處理時，記住一定要使用同一塊石材，才能使紋路有一致性，更添質感。此外要注意是否和門板高度相符合。經由加厚處理以結合兩片石材，須留意片與片之間的平整度，同時也要記得作具有防水性的收縫工序。

5 常見的石材施工法

A 乾式軟底施工法

鋪設在地面時，多使用乾式軟底施工法。必須先上3～5公分的土路（水泥砂），再將石材黏貼於上。

B 濕式施工法

鋪在壁面時，基於防震的考量，則使用濕式施工法，施作時使用3～6分夾板打底，黏著時較牢靠，增加穩定度。另外，在拼接大理石時，為增加美觀，目前有無縫美容的手法，讓大理石的隙縫變得不明顯。

3 石材可用於地面及壁面。此圖清楚標示出壁面石材的切割線，以及與壁紙的搭配運用。

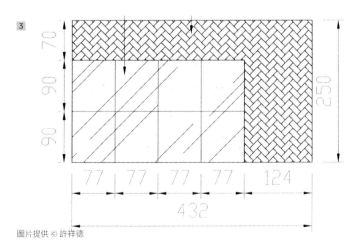

圖片提供 ⓒ 許祥德

6 鋪設在壁面時要注意支撐力

放置壁面大理石時要注意載重問題，需要先確認掛載的工法是否足夠支撐。並注意不可歪斜，可使用水平尺測量。此外，臉盆設計則要注意檯面的支撐力要足夠，同時導角水磨與防水的工作也都要做好。

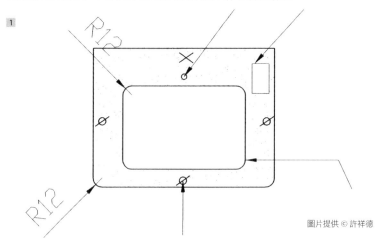

圖片提供 © 許祥德

7 施工後，嚴禁重壓

施工完畢之後，石材要做一定程度的保護。3～5天之內避免在上面放置重物、人員踩踏或是使用酸鹼溶劑，以免造成表面損傷變形。

8 填縫注意防水

填縫時，地板與壁面都要注意防水性是否足夠；打矽利康時則要注意貼條以及美觀與否。另外在加厚處理、兩片石材結合時，片與片之間的平整度要特別注意，同時也要記得作具有防水性的收縫處理。

① 若石材用於衛浴檯面，打板時要確定龍頭、臉盆的孔距、孔位、孔數，一定要力求準確。

裝修名詞
小 百 科

放樣

將施工圖上標示的尺寸，依照比例大小放置到實際現場作為檢討、調整以及施工的數據依據，藉此提升施工的精準度。

灰誌

又稱為「麻糬」（台語）。意思是以十字線利用垂直與水平的交叉處，在壁面作為垂直的參考點，主要是方便水泥粉刷時對照使用。

**常見糾紛
Q & A**

Q. 埋管和泥作順序不對，造成牆面有空隙？！

**水電師傅很忙要軋工程，先來我家拉好管線，再請泥作師傅砌磚，結果磚牆和
管線之間有大洞，補都補不滿，這該怎麼辦？**

A. 先砌磚牆，再埋管
線，才是正確的作法。

施作磚造隔間時，一定
要先砌完磚，接著敲掉
牆面嵌入水電配線，這
樣才容易控制開鑿的大
小，配管完成後再以水
泥砂漿填補。若先配管
線再砌磚，磚頭不易緊
貼管線施作，容易留出
較大的縫隙，就難以填
補完全。

此時，應請水電師傅等
待泥作工程完成後再入
場，否則事後的修補較
困難，造成牆面瑕疵。

圖片提供 © 許祥德

Q. 壁磚拿來當地磚用，沒多久就破裂！

**師傅施作地面磁磚時，發現材料不夠，直接拿壁磚來用，完工後沒多久就發現
產生裂痕，這該怎麼辦？**

A. 將破損的磁磚重新敲掉重鋪。

一般地磚可以充當壁磚使用，反之則不行。這是因為地磚與壁磚燒製出來
的厚度與密度不同，壁磚較脆弱，可能無法承受長期踩踏、堆放重物的壓
力，所以不能權充地磚使用。因此，建議重新敲掉破損的磁磚，並選擇專
門的地磚重鋪才是上策。

Part 4　木作工程

木作工程在房屋的裝修中佔了相當大部分的比例，從地板的安裝到櫃子的訂做，在在與木工脫不了關係，除了各種木工的項目之外，也將介紹在選擇材料、裝潢等的注意事項，以及地板、櫃子、天花板以及線板等項目的監工注意重點。

Point 01

施工前的注意事項

1 木工施作圖面要完整

施工設計圖要有立面圖、剖面圖、平面圖、大樣圖以及材料說明，施工時才能有個基本依據可以參考，萬一在過程中有遇到問題時，也才能依照圖面說明盡速處理。

2 避免變更設計

施工中要避免有變更設計的情況發生，正所謂「牽一髮動全身」，任意更改設計很可能會導致成本大幅上升。

3 避免在雨天讓木材進場

避免在雨天進貨，因為木材怕水，在雨天進貨可能會造成材料變形，並使得日後施工困難。同時，材料進場時，在現場一定要注意到做好防雨措施，以免板料、角材受潮，另外也要注意現場不要有泥作的材料一同放置，可能會造成污損的情況發生。

4 確認角材品質

角材進場時，要注意有沒有裂縫、蛀蟲或是白木，板材則是要注意擺放的方式，切勿過度直立，盡量橫放以避免變形彎曲。

A 板材數量要一次進足

由於每批板材的商品顏色都會有些微差異，在進貨時要事先估算好足夠的數量，避免二次進貨，導致紋路與色澤會有不同，影響整體美觀。

B 確認垂直、水平、直角線條

板材在施工時一定要注意「垂直、水平、直角」三大原則，木工屬於表面性的裝飾，一旦有歪斜的情形，缺陋容易一覽無遺，也難以修補缺失。

Point 02

木作天花板，確認管線都配齊

1 管線已配置完成

釘製天花板時，要確定管線已完工與鋪設完畢，也要確定沒有漏水的現象，而與地板的完成面高度是否有影響，如果發現有疏失與誤差要即時修改，否則日後再補救會有成本上的損失。

2 天花板與樓板接合要確實

由於天花板樓板的水泥磅數比較高，所以一定要確實結合天花板，以免發生天花板下沉，並造成離縫與裂縫的情況發生。 板與板料做好離縫約 6 〜 9mm 間距，以便作塗裝的填裝補土。

圖片提供 © 演拓空間室內設計

3 預留維修孔

預留維修孔部分，在不影響美觀以及整體空間的感覺情況下，可以做適當的配置以及美化，比如冷氣、排水管的維修孔。

4 主燈區天花板角材要加強

由於吊燈本身也有重量，有些材質的吊燈會使重量加重，若未在天花板上做加強就直接吊掛，很可能會有支撐不足的問題。因此建議加強主燈區天花板角材，讓天化板有足夠的支撐力。

1 天花板材之間的間距建議預留 2 〜 3mm。

木作隔間，一定要加隔音棉

1 木作隔間的施工順序

A 立骨架

天花和地坪立上固定槽，再立上垂直的骨架，也就是俗稱的下角材。木作隔間需要加上水平的骨架加強結構，若需要吊掛重物時，建議加上橫向的支撐力為佳。

B 填充吸音材質

在間隔處放置岩棉或玻璃棉，要注意是否有確實塞好。

C 外層封板

外層封上夾板或矽酸鈣板，板材與板材之間要預留伸縮縫。

2 不可作為衛浴或廚房的隔間

一般而言，木作隔間多以角材為基礎，結合不同的板類如夾板、木心板或加工皮板、矽酸鈣板、氧化鎂板以及水泥板等，作為表面修飾性功能。木作隔間可用於客廳、餐廳或臥房的隔間，基於木材不耐潮的特性，因此不能用作浴室或廚房的隔間。另外，木素材具有可彎曲塑型的特質，可做出特殊的壁面造型，或結合門作隱藏式牆面的設計。

3 加上吸音棉，強化隔音

在眾多的隔間中，木作隔間的隔音效果較差，因此若有需要做隔音效果的話，必須在內部加上吸音棉或是選用較厚的夾板加強隔音，可減少噪音干擾。

1 木作隔間不可用來作為衛浴的隔間，以免受潮腐爛。

2 木作隔間立上骨架後，填入吸音材料再封板。

圖片提供 ◎ 許祥德

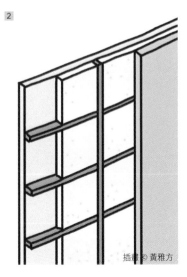

插畫 ◎ 黃雅方

4 加掛重物，事先需加強角材支撐

一般木作隔間建議不要過度載重，例如以三分夾板作為封板材料的話，最好不要超過 20 公斤的載重，以免無法負荷。若壁面有較大的載重需求，要注意角材置入的荷重量是否足夠。通常會在角材處打入膨脹螺絲，利用膨脹螺絲的拉力增加支撐重量。

1 挑選實木地板的注意事項

A 依所需木種選購

地板的價格主要是以上層用的木材及表層木皮的厚度來決定。厚度愈厚、防潮性高的木種，價格愈高。像是檜木、紫檀木、花梨木等，油質和防潮性皆高，價格較貴；而櫸木、橡木、楓木等抗潮性較差，價格則較低。要避免選擇抗潮性差的楓木、樺木和象牙木，以免地板變形。

B 從紋路、色澤辨識

一般實木會有一定的重量，且木紋紋路在正反與側面都會有一定的連貫性，若是染色木，看起來較為死板，且較沒有木頭香味。

C 以香味和泡水實驗分辨真假

要分辨實木地板的材質真假，可切開聞香味或做泡水實驗。若是經過染色處理，則泡水後會出現顏色。另外，也可將同尺寸的樣品與貨品秤重，檢驗真假。

D 依區域選擇

由於實木地板怕刮，不耐磨損，建議可用在客廳、臥房相對磨損較少的區域。

E 依材質表面判斷

注意實木地板的表面狀況，比如油漆塗裝或粉刷的光澤、漆膜是否均勻，表面紋路材質有無明顯缺陷。另外周邊的榫、槽也應該要完整無缺。

2 依照自家情況選擇施工方式

A 地面不平時，可用「平鋪式施工法」

平鋪式為先鋪防潮布，再釘至少 12mm 以上的夾板，俗稱打底板。然後在木地板上地板膠或樹脂膠於企口銜接處及木地板下方。通常以橫向鋪法施作，其結構最好、最耐用又美觀，能夠展現木紋的質感。

B 地面平整時，可用「直鋪式施工法」

活動式的直鋪不需下底板。若原舊地板的地面夠平坦則不用拆除，像原先是磁磚地板，就可直接在上面施作木地板，省去拆除費及垃圾環保費。但鋪設之前要先確定是否能與原地面密貼，以及底面是否太過鬆軟，不管直鋪或是架高式鋪法，釘子將會和地面無法釘合。

圖片提供 © 演拓空間室內設計

C 地面不平或有墊高需求，使用「架高式施工法」

通常在地面高度不平整或是要避開線管的情況下使用，底下會放置適當高度的實木角材來作為高度上的運用。但要注意的是，整體空間的高度會變矮，相對而言，較費工費料，施作起來的成本也較高。且時間一久，底材或角材容易腐蝕，踩踏起來會有異樣擠壓聲音或有音箱共鳴聲。

圖片提供 © 演拓空間室內設計

3 施工前先整地

在鋪設木地板前需注意地面的平整以及高度是否一致，建議可先整地，鋪設起來較順利。同時，地面要先鋪設一層防潮布，兩片防潮布之間要交叉擺放，交接處要有約 15 公分的寬度，以求能確實防潮。

4 鋪設前先放置在施工現場

鋪設施工的 48 小時前，先將木地板置放在房間中央，不要將未拆封的地板放置在高溫高濕的環境。

1 直鋪式施工：鋪設之前，地面需先清掃乾淨。

2 架高式施工：依需求可利用下方的架高空間做收納，或是避開管線。

圖片提供 © 演拓空間室內設計

3 防潮布要交叉擺放，約重疊 15 公分。

5 確認配電已完成並無破裂

地面在上釘子前，要先清除地板雜物，並注意地面管線是否有破裂的情況，基本的配電有無完成，以避免因為沒有檢查而增加的事後挖除工程與拉線困難。

6 預留伸縮縫

選用木地板要考慮濕度和膨脹係數，因為這是影響木地板變形的主因。在施作時要預留適當的伸縮縫，以防日後材料的伸縮導致變形。木地板與牆邊之間可使用踢腳板或線板收邊，不過要確定板子寬度；矽利康收邊，則要選用方便油漆的材質。

圖片提供 © 演拓空間室內設計

7 做好防水和抗曬處理

不論是哪種實木加工品都有木頭怕潮的缺點，因此在靠近浴室附近的區域，要先在木頭表面或縫隙做防水處理，防止日後變形。而窗戶下的面板要選擇抗曬材質，才不容易因為日曬而褪色或過多的膨脹收縮。

8 完工後，試走確認有無聲響

4 邊緣利用踢腳板收邊，讓空間更美觀。

完工後，先試著走走看，如果有出現聲音則需重新校正。另外，要注意所有的壁板與門板間的高度，免得出現門無法開的問題。

Point 05

木作櫃，貼皮接合要無縫

1 依照需求選購貼皮

可依照喜好的木種去挑選實木板和實木貼皮，但不同木種會有不同的特性，像是檜木實木板要注意選的木料是心材還是邊材，若是邊材則材質強度與防腐性較心材差；橡木木皮選用 60 ～ 200 條（0.6 ～ 2mm）以上的厚度較佳。在選購時需多問多看。

2 載重櫃體要注意接合處施工

大型櫃如衣櫃、高櫃等，具有載重性的櫃子在著釘、膠合以及鎖合的時候都要確實並且加強，否則日後可能因為易變形而使得使用的壽命減少。尤其是木作櫃的層板、抽屜、門板等等都要注意距離、尺寸的準確度。

3 貼皮要避免波浪紋路

貼皮的時候，如空心門板或櫃身，在邊緣應該盡量注意因貼邊皮的收縮問題，所可能造成的波浪與凹凸。選擇較厚的實木皮，在不影響施工的情況下，用較厚的木皮板或者較薄的夾板底板（2.2 或 2.4mm），以避免波浪產生。

4 收邊盡量做好四面貼皮的動作

在貼木皮板的時候，要避免正面與側面因修飾時所造成的木皮板破皮或突出。收邊時，要注意接縫處要平整勿歪斜。

1 裁切板材時，要注意是否水平、垂直；而在膠合時要確實黏緊。

圖片提供 © 演拓空間室內設計

5 抓對門片垂直線

在驗收時，若門板或門框的垂直線沒有做好，很容易可看出門片與門片中間有縫隙或歪斜。另外鉸鏈的中心點未抓好，無法有效支撐門片，造成門會自動打開，或是關不密合的情形，這時要請師傅重新校正垂直線或是鎖緊五金。

2 鉸鏈的中心點要抓好，避免造成門片歪斜。

常見糾紛 Q & A

Q. 完工才 3 個月，隔間就出現裂痕？！

交屋時發現木作隔間和磚造隔間有一道很長的裂痕，找師傅來檢查，他說這是一定會裂的，但交屋才 3 個月就出現裂痕，是正常的嗎？

A. 這是正常的，因為熱漲冷縮引起的現象。

由於是木作隔間和磚造隔間不同材質相接，不同材質的熱漲冷縮的程度不同，因此很容易在異材質的交接處發生裂痕。這種情況只要請師傅來補土修復即可。其實在剛發現裂縫時，除非是工程瑕疵或仍在裝潢保固期內，應立即解決之外。在自然的熱漲冷所情況下，可靜待一陣子等裂縫不再擴大後，再進行修復為佳。

若擔心會有這種情況，在一開始施工時，就請師傅將木作隔間的板材延伸至磚造牆面，就能減少裂縫的產生。

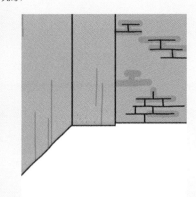

裝修名詞 小百科

角材

為木作工程的基本材料，用作於打底、支撐、塑形等，因此耐用度需高。

伸縮縫

由於材料會因熱漲冷縮而些微的變形，因此要在木板與牆面邊緣預留伸縮的空隙，避免建材因為擠壓而造成日久不敷使用的情形。

Part 5　油漆工程

油漆是裝修工程中的美化兼基礎工程，但面對油漆工程時，有很多必須注意的地方，像是油漆的分類、一般油漆應該漆幾道、油漆的顏色是否自己調和會比較好等等。

Point 01

**油漆前做好
牆面維護**

1 先處理壁癌、漏水問題

老屋牆面常會有壁癌、滲水的問題，若未完全解決，牆面水分不斷滲出，也仍會造成漆面剝落，反而白花一筆費用。因此塗刷前，先找出壁癌、漏水的問題源頭，補強後重新塗裝，發霉的牆壁要先經過去霉處理乾淨之後，再在塗料中加入適當的防霉劑作為漆後保護。另外，刮除原有牆面的粉刷或壁紙，壁面以平整為宜。

2 確認天花板表面平整及做到防水

油漆前記得要先檢查天花板的壁板是否平整，釘子是否都有確實釘進角材，衛浴廁所或潮濕處是否都為不鏽鋼材質的釘子。因為有時候若未做好防鏽處理，硬要上漆會有生鏽的情況發生。

3 傢具、開關做好防護

若為局部裝修，傢具可能還存放在家裡，在塗刷前，傢具與地板要確實做好遮蔽，在上方鋪上保護墊防止髒污。在牆面交界處、電源開關或插座、門框、窗戶使用遮蔽膠帶，避免污染到插座、窗框等，讓收邊更完美。

4 確認色號並留下記錄

確定塗裝空間，並且要備有油漆粉刷表，在選擇油漆編號時，顏色色彩要經過設計師、業主以及工班三方的同意。油漆完成後要保留色板及編號，以方便日後重新塗刷能迅速找到相同的產品。

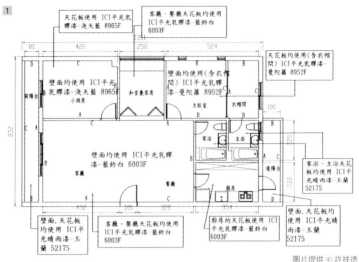

天花板使用 ICI平光乳膠漆-淺天藍 8965F

客廳、餐廳天花板均使用 ICI平光乳膠漆-藍鈴白 6003F

天花板均使用(含衣帽間) ICI平光乳膠漆-曼陀蘿 8952F

壁面均使用 ICI平光乳膠漆-淺天藍 8965F

壁面均使用(含衣帽間) ICI平光乳膠漆-曼陀蘿 8952F

壁面均使用 ICI平光乳膠漆-藍鈴白 6003F

客浴、主浴天花板均使用 ICI平光晴雨漆-玉蘭 52175

壁面、天花板均使用 ICI平光晴雨漆-玉蘭 52175

客廳、餐廳天花板均使用 ICI平光乳膠漆-藍鈴白 6003F

廚房的天花板使用 ICI平光乳膠漆-藍鈴白 6003F

壁面、天花板均使用 ICI平光晴雨漆-玉蘭 52175

圖片提供 © 許祥德

5 依適用空間和用途選擇

經常風吹雨打太陽曬的外牆塗漆，可以選擇較經濟實惠、耐候、耐水、耐鹼性優越且附著力高的塗料。想要柔和的室內空間但預算不高，又要考慮健康因素，不妨選擇防霉抗菌、低 VOC 的綠建材塗料。

A 抗濕

在廚房、浴室或靠窗牆面，建議塗刷具有防霉抗菌功效的漆。

B 防塵

水泥漆易卡灰塵，現在有水性彈性防塵塗料供選擇，可彌補此一缺點。

1 留下油漆粉刷備忘表，更可清楚各空間壁面及天花板的油漆顏色、型號等，同時以備後續補刷時，方便查詢色號。

種類特色			
水泥漆	為大眾化室內塗料，分為水性及油性 2 種，後者使用時須添加甲苯稀釋，毒性較強	優點	1 價格經濟實惠，可塗刷面積較大
			2 施工過程省時省工
		缺點	1 粉刷後質感較差
			2 不耐清洗，壽命僅 2～3 年
乳膠漆	俗稱塑膠漆，均為水性，加水稀釋即可，品質好壞視添加的樹脂、石粉比例而定。	優點	1 漆膜較厚、漆面較細緻，質感佳
			2 防霉抗菌，不易沾染灰塵
		缺點	1 價格較高
			3 塗刷前置作業較費時費工

1 先批土打磨，整理牆面

壁面、天花板的縫隙處先披上 AB 膠，再進行批土。這樣的動作能填補縫隙，牆面更為平整，也能避免之後在縫隙處出現龜裂的痕跡。等待批土乾燥後，牆面再進行打磨。批土時要注意平整，如果有兩次以上，要確實做到批與磨的動作。施工中可用燈光加強照明，可清楚看到批土的表面層是否均勻。木質壁板發現表面脫膠凸起，要重新切割、補土，甚至整面打掉重做。

2 最好是一底兩面

牆面經過批土、磨土的手續後，再上一層底漆，兩層面漆。像是乳膠漆的遮蓋力較差，必須搭配非常平整的牆面才能表現出乳膠漆細緻特性，並且至少要刷 3 道才會漂亮。

3 噴漆最好事先施作

噴漆是透過空氣均勻噴灑，效果會比一般塗刷方式來的均勻漂亮。在房屋裝潢前期，使用噴漆的方式上漆比較適合，但如果人與傢具已經搬入之後，那就要透過繁複的保護工作避免汙染。施作時金屬製門框與玻璃要做好防護，避免門框、玻璃被漆波及；另外地面也要有鋪設處理，避免油漆滲入地面，汙染到石材、磁磚，造成清潔上的困難。
噴漆進行前，不論水性漆或油性漆，漆料要先過濾，噴起來的漆面才會均勻。操作時噴漆一定要均勻，禁止有垂流或者凹凸不平的橘皮現象發生。噴漆完成後要讓空間中氣體適當揮發，但要小心門戶。

4 油漆時要注意通風

有些油漆為油性的，需要加入有機溶劑調和，因此要特別注意通風問題，像是在地下室等較密閉的空間時，就可能會發生氣體中毒的意外，而油漆也要注意遠離火源，如總開關箱、廚房等。

5 剩料不可倒入排水管

油漆不可任意倒入排水管 油性油漆或有機溶劑禁止倒進各種排水系統，造成融管而導致漏水的現象。

6 不可使用油性或酸性矽利康補縫

油漆補縫禁止使用油性或酸性矽力康，使用油性的矽利康將會導致無法上底漆，記得要使用水性或者中性，以免發生潑水效應。

圖片提供◎ □□空間室內設計

1 利用批土補強牆面的縫隙，建議不要太厚，否則可能會產生龜裂。

油漆施工順序	Step 1	1～2天	整理牆面，除去舊有的粉刷或壁紙。
	Step 2	2天	做適當的補土，凹凸處用砂紙磨平。
	Step 3	約7～15天	先使用白色水泥漆當底漆，第一道漆面最好由高往低塗刷，從大面積開始再刷小面積。建議從牆壁接縫處先塗刷，再刷牆身。若有窗框，則先刷窗框，再來門框與踢腳板、線板。
	Step 4		第一道漆乾燥後再開始上色，通常塗刷2次即可。至少要一底（底漆）兩面（面漆）。

常見糾紛 Q&A

Q. 契約沒詳細寫油漆施作細目，師傅翻臉不認？！

當初貪便宜，找三家油漆公司報價後，選擇價格最低的一家。等到工程結束，卻發現，釘孔沒補好、有些牆面的顏色還得到舊漆。找師傅來補救，卻藉口說，當初報價又沒說要「全室批土磨平、面漆要幾層」等等，結果也只好認栽。

圖片提供 © 演拓空間室內設計

A. 確認報價單上有詳列施工項目。

一個有良心的公司，在報價單上應要註明該工程的詳細項目，讓價格透明化，避免產生紛爭。而屋主若有比價，在拿到報價單後，可依照報價單上的施工項目看出不同公司的施工報價，像是單子上寫「一式」的公司，可能就要小心。由於一式的定義籠統，雖然報價便宜，但可能是有些工程並未含入，像是開關保護、批土等。一旦事先未說清楚實際施工項目，事後要追加的費用可能就更高，不可不慎。

裝修名詞 小百科

AB 膠

用於修補牆壁、天花板接縫和釘孔，避免產生龜裂的情形。

批土

視牆壁的凹凸面情況，利用批土讓牆壁平整，否則油漆太厚易造成剝落的情況；若太薄則可能不夠平整。

Part 6　衛浴工程

衛浴空間最怕的就是安裝過程有疏失，導致需要全部重新打掉再重來，這不僅耗日費時，也會多花一筆不小的費用。在施工前務必要注意確認施工圖面是否正確，以及是否有正確依照圖面安裝，避免事後更動的情形發生。

Point 01

臉盆，注意出水孔數

1 購買前確認龍頭出水孔數

無孔的洗臉盆，龍頭應該安裝在台上，或安裝在臉台的牆壁上。單孔面盆的冷、熱水管通過一支孔接在單柄水龍頭上，水龍頭底部帶有絲口，用螺母固定在這支孔上。三孔面盆可搭配單柄冷熱水龍頭，或雙柄冷熱水龍頭。建議依照不同的出水孔數選擇不同的臉盆，以防買回時無法使用。

圖片提供 © 演拓空間室內設計

2 水電圖仔細確認

不論是哪種衛浴設備，在水電圖完成前都要先做好確認，可避免事後改管的情況發生。同時安裝時務必按圖施工，每個衛浴器具要有安裝圖，也都有標準孔徑，只要指示安裝就沒有問題。

3 安裝時確認進水高度

洗臉盆要注意整體高度關係，進水系統的高度要按標準圖稿來做。一般來說，U 型管配件需要確實到位，水管與壁排水孔要確實結合與防水，才能避免進水時發生漏水的情況。另外，在安裝時如果發現有破損，不能只裝完了事、隱瞞破損情況，以避免後續的損壞或爆炸產生。

1 依照出水孔數選購，防止事後換貨麻煩。

4 防水收邊要注意

臉盆與檯面的邊緣要做到防水收邊處理，而且要確實。同時，安裝檯面式臉盆底下如有收納櫃，櫃子盡量選擇具防水材質或結合點要做好防水處理，可打上矽利康讓每個結合點具有防滲水的保護。

5 最好使用不鏽鋼金屬配件

安裝的金屬配件應該使用不鏽鋼材質或耐蝕料件，並且螺栓與面盆的鎖固處要加上橡皮墊片，來吸收及緩衝鎖螺栓時碰撞的衝擊力，降低器具損壞的機率。

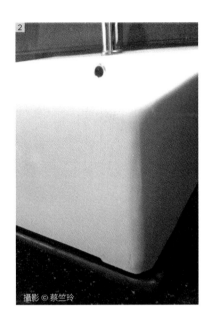

攝影 © 蔡竺玲

2 臉盆和檯面之間填上矽利康，做好防水處理。

Point **02**

馬桶，確認管距尺寸

1 注意安裝設備的零件包

裡面的配件不可遺失或缺少，另外也要確實檢查每個零件是否具有防水與止水的功能，尤其螺絲的材質應該要屬於荷重性與防鏽。

圖片提供 © 許祥德

3 馬桶安裝好可以暫時保留防護，如尚有木工、水泥粉刷工程進行，能起到保護作用。

2 安裝前注意管距

馬桶的管距有 30 公分或 40 公分，雖然目前有些馬桶沒有管距的限制，但如果心中有既定喜愛的品牌或款式，建議要先詢問管距尺寸，避免安裝不合的情形發生。

3 安裝時禁止硬塞

安裝時禁止以強力結合、鎖合，或使用重物撞擊的方式硬擠壓進去或硬塞，避免裂縫產生。

4 安裝分離式馬桶的注意事項

安裝時要確保每個接點環節 禁止用矽力康收尾，否則會產生漏水的問題以及造成維修上的困難，固定時要注意底座與地面排水孔的對正，以及磁磚的收邊處理，避免排水不良以及產生異味。

1 馬桶固定時要注意底座和排水孔是否有對準，避免日後排水不良的情況發生。

圖片提供 © 相即設計

5 電腦馬桶需預留配電插座和進水安裝

設計時需要預留配電插座以及進水安裝。新成屋大多會事先在馬桶排水管附近設置電源，但不少中古屋舊屋通常沒有預留插座，需另外牽線，影響整體美觀。因此老屋重新裝潢時，要考量是否會裝設免治馬桶的需求。

Point 03

浴缸，記得多留排水孔

1 注意浴缸進場時間與驗收

浴缸為訂購品，要注意訂做、進場時間。到貨須先檢查、小心搬運不能有碰撞。到貨要全部拆開作檢測，例如表面有無刮傷、配件是否齊全。

2 浴缸排水方向確認

選擇浴缸要注意左排水還是右排水，此與水龍頭配置有密切關係，方便配置排水系統的管線。排水孔有無到位也很重要，避免過長、彎曲或者是

收孔沒有封孔，會影響將來排水系統的機能，並要預留維修孔，方便做不定時的檢測。同時浴缸排水量的大小在配管時就要做好確認，是否加大，或者與其他管線結合。

3 浴缸下多留排水孔

浴缸底座確實做好防水、排水，防水粉刷做好之後再裝設浴缸，不得敷衍了事，一般漏水問題都從這邊而來。因此下方要留出排水孔，以防真有漏水的情形，也能即時從排水孔排出，而不會造成樓下滲水。同時浴缸裝設時要考慮邊牆的支撐度要夠，如果沒有做好的話，一旦水量一多會造成浴缸上下移位，而產生裂縫進而滲水。

4 浴缸與側牆的結合點要多加注意

避免有銳角、離縫與積水的情況產生。若選用獨立式浴缸，最大的優點是可隨喜好擺放位置，在安裝時通常會在底座利用矽利康固定於地面，建議使用具有防霉成分的，才不容易發生霉變，造成日後清潔上的困擾。

浴缸安裝流程

泥作側撐防水完成
↓
測排水高度與水平
↓
置浴缸
↓
底部泥作固定、支撐加強
↓
置排水管並固定
↓
貼面材、維修孔修飾
↓
試水

Point 04
淋浴拉門，材質要堅固

1 拉門鋁框和五金要確實與牆面結合，加強載重。

1 淋浴拉門要慎選材質

安裝玻璃式拉門時，可選擇強化材質的玻璃，可避免單點撞擊的傷害發生。另外也要考慮載載重性的問題；鋁框式的要注意結合點，以及軌道的潤滑性，尺寸水平以及閉門關起後的止水功效。

2 鋁框與五金的載重要考量

淋浴拉門使用到玻璃鋁框時，選擇的材質一定要有強度，以避免撞擊後發生損壞。同時五金以及牆壁的結合則要確實，大面積要做好固定支撐處理，閉門要注意止水性，一開始要確定把手的形式以及孔數、孔徑大小。

圖片提供 © 相即設計

Point 05
衛浴電器設備，電力負荷要足夠

2 抽風機的管線要向外接，如果原本的排風不良，有管道間的臭味，可使用當層排放解決。

1 抽風機 & 浴室乾燥機

出風口要接在外面，管道間要好做密閉處理，否則一氧化碳容易滲進室內並造成中毒的危險，止風板的位置要確實就位，不可輕易拆除。浴室乾燥機的電量負荷要注意，如果選擇多功能浴室乾燥機，要考慮電線的負荷性及控制面板的出孔位置。另外由於品牌不同，所以也要特別注意和水電配置是否相合。

2 按摩浴缸

按摩浴缸要預留馬達維修孔，插座的位置不得過長，並要做好連結的固定，否則久了就會因鬆脫而漏電。而電源的接點也要確實檢查好外，還要測試漏電裝置是否正常。

攝影 © 蔡竺玲

3 蒸氣機

機器要固定、禁止橫放,傾倒放置會損壞機器。蒸氣機一般都裝在天花板內,因為加熱的關係,天花板要選用防火材;蒸氣管要使用抗壓的不鏽鋼管,蒸氣出口要設置在遠離易碰觸位置避免燙傷。此外,蒸氣機的耗電量相當大,要做好隔熱處理並有獨立的水電系統,防止走火。感應系統板面要做防水處理、預留控制位置,使用手冊要確實交接。

4 視聽設備

浴室如果要裝設電視,要特別注意收邊部分以及防水性,事前最好先經過仔細討論,確定電器不會因受潮而損壞。

**常見糾紛
Q & A**

Q. 沒抓對鉸鍊距離,磁磚缺一角?!

完工後沒多久就發現淋浴門鉸鍊的轉角處磁磚有缺了一角,找來師傅一看,師傅說這是正常的現象,是真的嗎?

A. 這可能是施工上有問題,淋浴拉門的鉸鍊可能太接近轉角。

淋浴門鉸鍊和淋浴間磚牆的位置和距離要適當。不可太過接近外側轉角,避免在鑽孔時造成避免磁磚崩角,崩角不僅要換掉周遭的磁磚,增加施工的難度,甚至會影響到周遭櫃體,不可不慎。

**裝修名詞
小 百 科**

單孔、雙孔&三孔水龍頭

依照臉盆上安裝龍頭的地方選擇單孔、雙孔或三孔。臉盆上挖的洞為三孔,則須安裝三孔龍頭。臉盆上挖的洞為一個,則安裝單孔龍頭。

當層排放

將原本連接至公共管道間的抽風機管線,改成由當層拉出管線直接排放到外面。

Part 7　廚房工程

廚具設備一旦安裝完成，之後要做任何更動都會非常困難，因此在安裝前務必各管線都已裝設完畢，且無鬆動問題；廚具尺寸也要詳細確認，以符合使用者的身高，同時在配線、門板與櫃子安裝的部分，也將介紹應注意的監工問題。

Point 01
裝設前的須知

1 避免完工後增加附屬設備

廚具安裝前，在現場要先確認管線徑夠不夠，配電完成之後避免增加附屬設備，共用多個插座。像是中島型的廚具要注意水電管的中心位置，活動或固定型的插座，排水、進水等要注意。固定式的廚具則要注意動線。這些都需在事前與業主與工作人員確認。

2 高度符合業主身高

廚房的高度要確認，尤其安裝上方吊櫃時要確定使用者的高度，過高過低都不好。另外，廚具的五金配件不管是壁掛式或吊掛式，需要在現場與業主依人體工學高度與使用習慣、和安裝人員達成共識之後才能安裝。

3 接頭不可鬆動並先做測試

配管線時，各接點如水槽、開關及瓦斯等接頭，不得有任何鬆動，並事先要先做測試。同時要考量廚具檯面的水平度以及吊櫃的載重性是否確實，否則易造成坍蹋的情況。

Point 02
抽油煙機&爐具，記得測試

1 排油煙管安裝要注意細節

排煙管線的距離勿配置過長，最好能在 4 公尺以內，並不超過 6 公尺，建議在排油煙機的正上方最佳，可以隱藏在吊櫃中。抽油煙機的排油管要避免皺折彎曲，否則容易導致排煙效果不佳。排油風管不得穿樑，同時要使用金屬材質而避免使用塑膠材質，以免發生火災。管尾要加防風罩，並注意孔徑不能太大或過小。

2 注意排風管管徑大小

有些大樓是原建商預留的小管徑排風管，後來再接上設計的大管徑排風管，因尺寸上的落差，連接後會出現迴風的問題，導致排風量銳減，因此必須特別注意管徑是否相同。

3 裝設位置附近應避免門窗過多

排油煙機擺放的位置不宜在門窗過多處，以免造成空氣對流影響，而無法發揮排煙效果。另外，排油煙機需裝設於壁面或穩固牆面上，以避免日後或運轉時發生危險。

4 要測試馬達和面板

安裝後要測試馬達運轉是否順暢，聲音的分貝數高低是否過高。按鍵面或控制面板是否靈敏，要事前確認測試。

5 保證書要保留以利維修

各種器具的保證書要收集保留，以方便日後的維護工作。

6 瓦斯進氣口的安裝要牢固

電子開關和爐頭結合要確實，並免鬆脫情形。另外，瓦斯進氣口的部分要注意夾具與管具之間的安裝要確實牢固，以免造成瓦斯外洩。而瓦斯爐安裝完畢應試燒，調整空氣量使火焰穩定為青藍色。

7 上下嵌式瓦斯爐口金屬邊緣有無尖銳毛邊

材質及開關零件均要經過檢驗合格才行用，像是不鏽鋼材質清理方便，但面板易產生熱度造成燙傷，選擇時要注意檯面材質厚度，以及材質是否具有認證型的不鏽鋼材質，避免表面鏽質產生。

1 抽油煙機的排風管徑不要過長，且要注意管徑大小是否相合，避免出現排風效果差的情況。

2 安裝前先確保爐具四周無尖銳毛邊，以防使用者受傷。

攝影 © 蔡竺玲

攝影 © 蔡竺玲

Point 03
水槽，防水要確實

1 避免完工後增加附屬設備

水槽安裝完畢後要經過多次的測試排水功能是否順暢，並嚴禁洗滌其他物品或到入油漬等，以免影響判斷。

2 防水處理要確實

水槽與檯面要注意邊緣的防水處理，如防水橡膠墊、止水收邊如矽力康等處是否確實。

1 安裝完後要確實檢查排水是否順暢、無積水。

圖片提供 © 演拓空間室內設計

Point 04
櫃體＆五金，水平要抓對

1 櫃體施工前進行正角處理

櫃體在工廠施工時，即應先進行「正角」的處理，意即櫃體的角都要是 90 度，如此一來，在現場安裝門板時才會接得好。

2 木紋門片需先對花

如果挑選的是木紋或特殊圖案的門板款式，安裝前應先做好「對花」的排序後，再安裝，避免發生錯誤。

3 安裝前櫃體前先抓水平

才能確保門板不歪斜底櫃在安裝前要先抓現場水平，避免踢腳板的抽屜卡住。安裝吊櫃前除了抓水平，還要抓垂直，這是考量到台灣建築常有「牆斜」問題，免得門板安裝後卻發生「不正」的現象。

4 門板與櫃子要有密合度

避免離縫的情況產生，造成蟑螂或害蟲及其他異物侵入。槽櫃底下，板與板之間要做防水處理，避免滲水，造成板子的變形或異味。

5 防鏽處理要確實

櫃內式五金如屬於滑動型如滑軌，若材質為鐵製，表面的防鏽處理要確實，滾輪或滾珠是否容易做防鏽保養。

廚具安裝流程

水電位置完成

壁面磁磚

瓦斯抽風口取孔

立上下框

固定高櫃

鋪檯面

挖水槽

安裝抽油煙機、水槽、龍頭

門板固定調整

封背牆、踢腳板

防水收邊

測試

裝修名詞　小百科

對花

拼接兩片表面有紋路的石材或木片時，相鄰的兩片紋路要先對過，讓紋路看起來是有秩序或連續性的，整體較美觀。

離縫

櫃體門片鎖好鉸鍊後，需測試門片是否有對齊，若無法閉合使中央有縫隙，便稱之為「離縫」。

做了一堆工程，
最怕是做到一半發現是違法的，
一旦被舉報，還要拆除復原，
才是最勞民傷財的事。
不如一開始就弄清楚法規，
凡事多個保證准沒錯。

開工前，要記得申請裝修許可證明，
事前若沒申請，一旦有鄰居因為噪音、施工震動，而打 1999 舉報，
發現沒有施工許可證，就可勒令即時停工，有時甚至要復原才行。

現在嚴格禁止陽台加裝鐵窗和外推，若是怕小孩跌落，
只要裝設 50 公分內的鐵窗都沒問題，像隱形鐵窗就是一個好選擇。
頂樓既有加蓋，若是合法的，也可以進行內部裝修，只要不是拆除重建，
就沒問題。

關於老屋的法規，要特別弄清楚關於既存違建的部分，
這可是關係到日後是否可以修繕、保留。

Project

6 法規

小心不觸法，
住得好安心

政府在法規上針對老屋有補助修繕和整修上的限制，像是免費老屋健診、拉皮、新增電梯補助。另外，關於常提到的既有違建問題，裝潢上也有所限制。因此在裝修前，可先瞭解有哪些法令上的規範，避免誤觸法律。

項目		Part 1 裝潢前要注意的法規		Part 2 室內整修要注意的法規
施作內容	1	先確定是否符合要申請裝修審查許可。若必須要申請，不可便宜行事，以免事後被檢舉，可能會被罰款，可能還需付一筆復原的費用。	1	大門、樓梯換方向前，先確定結構穩不穩。不論是大門、樓梯的變更，都會影響整棟的結構，因此要在事前先請專業技師或建築師勘驗結構是否安全。
	2	申請完後，要記得張貼施工許可證。不論是申請裝修審查許可或是簡易裝修，一旦申請完畢，必須要在大樓門口張貼施工許可證，表示為合法的裝修過程。	2	不論屋高多高，都不可任意做夾層。若原先房屋結構不是申請為可做成樓中樓的話，則不可二次施工，擅自做出夾層，一旦被檢舉，即隨報隨拆。
			3	若會更動到分戶牆，要住戶同意才行。裝修時會動到分戶牆的話，則需大樓的區分所有權人同意才可施作。
可能花費	裝修審查許可	申請建築物室內裝修審查許可NT.15 萬元以上，視規模而定。	簽證費	建築物結構安全簽證 NT.2 萬元／戶，若為整棟則依規模另定。
	簡易裝修申請	申請簡易裝修費用未涉及更動分間牆，NT.1 萬元；涉及更動分間牆，NT.2 萬元。		

職人應援團

反詐騙裝潢監督聯盟
講座律師 吳俊達

老屋違建要謹慎小心

關於老舊房屋的法律問題最常見的就是違章建築是否可以修繕。只要證明是在 84 年 1 月 1 日前的違建，是被列為拍照列管的可修繕。但通常要證明是比較困難的，建議若是新買的老屋，要先和原屋主確認是否有違建，並在買賣契約上註明房屋現況，同時當下要拍照存證，藉此證明是可緩拆的違建，之後要提出修繕也比較容易。

攝影 ©Yvonne

Part 3 戶外設施裝修細則

1 花架大小不可超過 30 平方公尺。
要做頂樓花架之前，先取得住戶同意。並且面積需在 30 平方公尺，高度不得超過 2 公尺，否則會被視為違建。

2 頂樓加蓋修繕，只能使用原材質。
一旦頂加老化穩壞，需用原始材質去修補。若是原材質已經很少生產的情況，則依規定替換可使用的建材。

3 一樓空地、頂樓視為法定空地。
法定空地不可隨意佔為己有，除非有簽訂分管契約，全體住戶都同意讓特定住戶使用。

登記費
既存違建修建登記 NT.8 萬元以上（不含建築物結構安全簽證）。

修繕申請
申請建築物外牆修繕 NT.10 萬元以上，依規模造價而定。

Check List

☑ **考量重點**

施工前要特別注意

☐ 只要動到天花、超過 1.2 公尺的固定櫃體或是內部隔間的變動，都需要申請施工許可證。
☐ 即便申請簡易裝修，也要等到公文下來，才可開始施工。
☐ 若有管委會，施工期間需照管委會規定行事。

大門、樓梯、夾層和隔間的裝修

☐ 若要擴增樓地板面積，先確認總容積率是否足夠。
☐ 夾層的挑空位置和面積是固定的，不可隨意更動。
☐ 隔間要注意不要打掉剪力牆或承重牆。
☐ 換新的大門，需選擇具有甲種防火門的等級。

頂樓、陽台、雨棚、一樓空地的裝修

☐ 民國 95 年前的陽台，可加裝深 50 公分內的鐵窗。
☐ 露臺為約定專有區域，不可私自加裝鐵窗，增為室內面積。
☐ 一樓空地可以蓋可動式的棚架，作為公用停車場使用。
☐ 老屋加蓋鐵皮屋頂，高度需在 150 公分以內。

Part 1 裝潢前要注意的法規

開始要裝修了，不論是老屋或新屋都有一定遵守的遊戲規則，像是必須要申請裝修許可、請專業人員進行審查等等。建議在事前就全面瞭解相關規定，到時要動工時，才不會冒出一堆的法律問題要解決。

Point 01

動工前的申請

1 確認自己是否需要申請審查許可

室內裝修行為的涵義廣泛，從刷油漆到拆除牆壁都屬之。因此，政府對於管理對象有制定出一套規則。如果是「供公眾使用建築物」，都要依法申請建築物室內裝修審查許可。而 6 層樓以下的集合住宅與辦公室，若有增設廁所浴室、分間牆變更，也需

攝影 ©Yvonne

要申請審查許可。當然，如果只是刷油漆、換地毯、壁紙等工程，就可直接進行而不需要申請。

2 先申請建築物室內裝修審查許可

建築物室內裝修審查許可，是進行室內裝修工程前的第一步。申請室內裝修許可最主要是要對室內裝修行為以及相關業者加以管理，因為不當的裝修可能會影響建築物的主要結構以及防火避難設施，進而影響人身安全。由於老屋改建大多是大動工程，因此勢必一定要申請室內裝修審查許可，若未申請，而被舉發時，則可能會被處以罰緩 NT.6 ～ 30 萬元。

3 請專業人員進行審查作業

申請審查許可依法規需請建築師或專業室內設計師進行，有些縣市有設置「社區建築師」，為民眾提供免費的諮詢服務，也可協助申請審查許可，費用則依個案而定。

1 若為 6 層樓以下建築，施工時需更動到隔間、天花等，就必須申請審查許可。

<table>
<tr><td>Point</td><td>02</td></tr>
</table>

動工前的檢視

1 選擇合格有證照的裝修公司

選擇對的人進行室內裝修工程，不但可以獲得品質保障，同時也不會因為對方不懂法規而多花冤枉錢。而合法的專業廠商至少應該要有「建築物室內裝修業登記證」以及「建築物室內裝修專業技術人員登記證」兩種證書，才可替客戶進行室內裝修工程。

2 若為老屋修繕，需證明為既存違建

若老屋在民國83年年底前蓋好的違建，則視為既存違建，要注意只能修繕、不能重建。若是新買的老屋，在購買前就需請前任屋主證明是83年年底前蓋好的，並在買賣合約中要加註是合法違建。當買下的同時，就要拍照存證，以此證明不是你蓋的新違建。

圖片提供 © 相即設計

3 共同使用處需修繕，需和鄰戶分擔費用

由於在共同壁、樓地板或共用的管線難免會遇到需要修繕的情況。根據法令，維修費用應由共同壁雙方或樓地板上下方之住戶共同負擔。但若責任歸屬是其中一方，則由該住戶負擔。

圖片提供 © 相即設計

2 只要能證明是83年12月31日之前的違建，修繕就不違法。

3 若共用管線發生問題，先釐清責任歸屬，再協調費用該由誰負責。

4 注意公寓大樓是否有規約

若是社區型大樓，可能會設有「管理委員會」，那麼在裝修前要先確認是否有規約的制定。像是大樓外牆、鐵窗設置等項目，都需經過住戶開會決議是否可進行，此規約全體住戶都必須共同遵守。

5 施工前要於出入口張貼許可證

由於公寓大廈管理委員會必須確認住戶在施工前，有向審查機構申請審查，而若住戶可在申請核可之後，可將「室內裝修施工許可證」張貼於明顯的出入口。若未依法張貼，那麼管理委員會可通報建管處依法查處。

6 勿佔用共用部分區域

所謂共用部分，通常指的是就是全體住戶共同擁有、使用的區域，如基礎、樑柱、連通數個專有部分之共同走廊、樓梯、門廳……等（構造與性質上的共有部分），或者是法定空地、法定防空避難設施以及法定停車空間（法定共有部分）。這些地方不可私自佔有使用，以維護住戶的權益。

因此像是在修繕老屋的同時，要注意施工器具、建材不可隨意放在走廊或樓梯口，阻擋通道，妨礙住戶進出。

攝影 © 蔡竺玲

1 公寓的樓梯、走廊等為公有部分，不可隨意堆放器具。

7 約定專有部分需經其他住戶同意

公寓大廈的頂樓、一樓空地可能會供特定的住戶，作為私人的使用，像是頂樓加蓋、一樓空地改成自家庭院等，但前提是需要經過其他住戶的同意。需全部住戶同意之後，才會擁有使用權，且需遵守相關的建造法令規定才行。

8 注意是否需要辦理戶數變更

有些人買房子會將面積較大的戶切割成兩戶，或者將原本兩個較小面積的戶合併成為一戶，只要是這樣的情況，皆稱為戶數變更。由於戶數變更牽涉到分戶牆的變更，因此需要申請「變更使用執照」。一般的方式是可委託開業建築師備齊相關資料向主管機關申請許可。

常見糾紛
Q & A

Q. 天花板施工也要申請裝修許可，一定要做嗎？

家裡浴室天花板因為漏水關係，已經出現壞損的現象，我想找工人來換。聽說需要申請裝修許可，但只是個換天花板的小工程，有必要嗎？

A. 最好還是申請室內裝修審查許可比較有保障。

按「建築物室內裝修管理辦法第 3 條規定，「室內裝修」係指固著於建築物構造體之天花板、內部牆面或高度超過 1.2 公尺固定於地板的隔屏，或兼作櫥櫃使用的隔屏之裝修施工或分間牆

圖片提供 © 相即設計

之變更。若是居住在台北市的話，任何關於室內修繕工程，依照建築物室內裝修管理辦法，即使是天花板施工也要申請室內裝修審查許可。因此建議最好還是申請室內裝修審查許可比較有保障。

Q. 多開一道後門，需要取得全住戶的同意？！

剛搬到老公寓，想重新在公寓走廊多做一個後門，方便出入，但需要所有住戶同意，是真的嗎？

A. 共用區域的結構變更要獲得同層住戶的同意。

無論是門或窗，都屬於建築法規的「開口」部分。因此首先是你得了解所居住的大廈就規約上是否另有規定，如果大廈內部規約對此沒有特別規定，那麼你下一個步驟就是要先徵得同一層住戶（區分所有權人）同意，並經結構安全證明才可動工。

裝修名詞
小 百 科

分戶牆

指的是分隔住宅單位與住宅單位、住戶與住戶的不同用途區劃。

Part 2　室內整修要注意的法規

由於老屋的建築結構與新屋不同，在裝修常常必須要打牆、外推，這些工程常會觸及建築法規，容易發生法律糾紛，一旦發生糾紛不只是金錢上的損失，還得耗費精神去解決，要避免就要先了解那些能做，那些不能做。

Point 01

大門，視同結構一部分

1 大門方向要更換，需確認結構

一般來說，更改大門屬於室內裝修行為，原則上必須申請室內裝修審查許可。首先應向主管機關或審查機構申請審核圖説，經審核合格後始得施工。待施工完竣後還要申請竣工查驗。若未依法申請，建築物所有權人、使用人或室內裝修從業者會被處罰鍰。

由於大門位置的牆壁是屬於共用牆壁與走廊，更改大門的方向也就涉及共同壁的變更。此牆面一旦變更可能會有結構上的問題。建議先請建築師勘驗結構是否會有問題，並簽證明結構安全，同時也要徵得同一層住戶的同意。若是有管委會，可能條約中會簽訂不可更改大門方向，因此也要確認沒有違反公寓大廈的規約，只要上述條件都符合，即可施工。

同樣的，若是想加寬大門的寬度，也要事前請結構技師或建築師確認是否會有結構問題。

【法律依據】《公寓大廈管理條例》第23 條
有關公寓大廈、基地或附屬設施之管理使用及其他住戶間相互關係，除法令另有規定外，得以規約定之。規約除應載明專有部分及共用部分範圍外，下列各款事項，非經載明於規約者，不生效力：
一、約定專用部分、約定共用部分之範圍及使用主體。
二、各區分所有權人對建築物共用部分及其基地之使用收益權及住戶對共用部分使用之特別約定。

1 大門更動需先確定結構沒有問題，並取得同層住戶的同意。

攝影©Amily

2 更換老舊大門，注意是否有防火等級

首先，要提醒的是，更改大門涉及變更共用空間，應先取得同層住戶同意。依照建築技術規則內的規定，若更換新的大門材質必須要符合甲種防火門的規定，也就是具有一小時以上防火時效的大門，建議你的大門選用甲種防火門為宜，以免災害發生時發生意外，如此才能符合消防安全。

【法律依據】《建築技術規則》第 79 條
防火構造建築物總樓地板面積在 1500 平方公尺以上者，應按每 1500 平方公尺，以具有一小時以上防火時效之牆壁、防火門窗等防火設備與該處防火構造之樓地板區劃分隔。防火設備並應具有一小時以上之阻熱性。

3 庭院私自變車庫，不可隨意加裝鐵捲門

庭院變成車庫使用時，需增加建蔽率，但大多是直接私自更改，因此這是違建，不可以修繕名義來新增鐵捲門。
然而，建築物的容積率都有規定，除非當初在蓋房子時仍有剩餘，否則不可私自增加面積。庭院變車庫要檢討總容積率。若仍有未用完的面積，而也剛好足夠成為車庫，才可加裝鐵捲門。

Point 02

隔間牆，有些拆掉要人命

1 更動隔間一定要申請執照

不論大樓或是公寓，進行室內裝修工程，都要申請室內裝修審查許可。當要更動隔間時，必須注意不可更動到建築的主要結構如承重牆、剪力牆。由於承重牆，是用作承受本身重量及本身所受地震、風力外並承載及傳導其他外壓力及載重之牆壁；剪力牆，則是用作抵抗地震拉扯力的牆面，因此一旦不小心拆除，建築物就可能會有倒塌之虞。為避免出現類似情形，故進行室內裝修前，都必須申請裝修審查，多一層關卡檢驗，保障住的安全。

圖片提供 © 明代設計

【法律依據】《建築物室內裝修管理辦法》第 22 條
室內裝修圖說應由開業建築師或專業設計技術人員署名負責。但建築物之分間牆位置變更、增加或減少經審查機構認定涉及公共安全時，應經開業建築師簽證負責。

1 更動隔間，必須要注意不可動到承重牆。

2 分戶牆變更需要區分所有權人同意

更動分戶牆時，必須要取得該大樓之區分所有權人之同意，且戶數變更後每1戶都應設有獨立出口。

【法律依據】《臺北市一定規模以下建築物免辦理變更使相關用執照管理辦法》第9 條
依第六條第八款申請變更使用，應符合下列規定：一、戶數變更後各戶應有獨立之出入口，分戶牆之構造應以具有1小時以上防火時效之防火牆及防火門窗等防火設備與該處之樓板或屋頂形成區劃分隔。

3 兩戶打通，分戶牆變分間牆

若想打通兩戶，原有的分戶牆就變成了室內分間牆，只要打掉分間牆並不會影響結構安全，且防火區劃面積符合法令規定，那麼就屬於普通的室內裝修，只需申請室內裝修審查許可。

【法律依據】《臺北市一定規模以下建築物免辦理變更使相關用執照管理辦法》第6 條
建築物變更使用行為與原核定使用不合，屬下列情形之一者，免辦理變更使用執照。但應經主管機關審查同意，始得變更使用：
五、防火間隔之變更。
八、分戶牆變更。

4 分戶牆動到陽台外推，需將外推部分拆除

由於依照建築技術規則，分戶牆必須突出建築物外牆面 50 公分以上，因此若是要將原有的公寓隔成兩間，分戶後的陽台必須分割的話，需符合防火區劃的規定。若陽台本身是外推，由於陽台外推屬於違章建築，所以必須將違章建築的部分拆除，無法保留原本外推陽台。

圖片提供 © 明代設計

1 分戶牆需要符合防火規定。

樓梯變更，注意容積和結構

1 公用樓梯屬於主要構造，不可任意更動

依照建築法第 8 條內容之定義，建築物的「主要構造」指的是基礎、主要樑柱、承重牆壁、樓地板及屋頂等構造，而公用樓梯也被納入主要構造之一。因此在進行室內裝修時，千萬不可隨意破壞或更動樓梯，否則將會影響整棟建物的結構安全。

2 上下戶打通，結構要安全

若上下相連兩戶，要打通配置樓梯，第一要先確認結構安全。由於在上下相連的兩戶做樓梯屬於主要結構修改，牽涉到變更使用執照的問題，如果符合一定規模以下建築物免辦理變更使用執照中的管理辦法，那麼只要備齊相關資料

圖片提供 © 明代設計

前往申請即可。如果需要將樓板打掉裝設樓梯，要記得請專業人員來確認總容積是否會增減，樓梯板面積是否有更動。

第二，由於工程牽涉到了主要結構的變更，因此也請別忘記要請專業人員如建築師、結構技師簽證，進行結構安全鑑定的工作。

【**法律依據**】《臺北市一定規模以下建築物免辦理變更使用執照管理辦法》第 4 條
建築物建造行為以外之構造變更行為，屬下列情形之一者，免辦理變更使用執照：
一、樑、柱穿孔。
二、小樑變更。
三、梯級變更。
四、非安全梯之樓梯變更。
五、專有部分之樓地板變更，每層變更樓地板面積合計在 100 平方公尺以下，且在該層總樓地板面積二分之一以下者。

3 原有樓梯可修繕，不可隨意動到樓板尺寸

若是要將原有樓梯換新，屬於室內裝修行為，必須要申請裝修許可。如果工程並沒有涉及到樓板的更動，或者另外破壞掉主要結構如承重牆，僅是進行更換樓梯的工程是沒有問題的，只要記得向主管機關申請簡易室內裝修即可。

若是更新樓梯時，必須要敲掉部分樓地板面積，則必須先計算面積是否足夠可擴大才能施工。否則一旦被人檢舉，不僅會被開罰，也必須要再多花一筆費用復原。

2 上下樓層相通，需計算是否有足夠的樓地板面積。

4 獨立產權房屋，可新增外梯

產權單一的房屋，像是整棟建築的所有者都為同一人的狀況下，檢討總樓地板面積後，只要樓地板面積仍有空間，可增設外梯。但若樓地板面積已滿，由於樓梯也需計入樓地板面積，可能會面臨申請不通過的情況。

5 不傷結構和減損面積，樓梯可轉向或位移

在原位置將樓梯轉向的話，主要確認不損害主要結構就可以；若是樓梯需要變更位置，則會涉及到樓板開挖的位置而有所限制，因此需請結構技師或建築師簽證，確認沒有損害到主要結構。若為家中私人樓梯的變更，非共用樓梯，因此可免辦變更使用執照。

Point 04

夾層，面積不可隨意更動

1 從面積設定來區隔夾層與樓中樓

若建築物在最初建造時，就已經包含了「夾層」結構體，也已經取得使用執照，就是合法的「樓中樓」；反之，就是非法的「夾層屋」。只需要請領該建築物的「使用執照原核准圖」來比對樓板範圍就一目了然。

2 既有面積不可任意更動

由於夾層的地板面積在最初建築物興建時已有規定，也有容積率的計算，擅自變更夾層地板面積並不合法，在室內裝修申請時可能會遇到審查不通過的情況，建議依照原有面積裝修比較不會有問題。

【法律依據】《建築技術規則建築設計施工》第 164-1 條
住宅、集合住宅等類似用途建築物樓板挑空設計者，挑空部分之位置、面積及高度應符合規定：
五、建築物設置不超過各該樓層樓地板面積三分之一或 100 平方公尺之夾層者，僅得於地面層或最上層擇一處設置。

3 不可隨意新增夾層

如果為公寓，不論屋高有多高，皆不可隨意新增夾層。若自行新增夾層，則是二次施工，是不合法的違章建築，將有即報即拆的風險。

【法律依據】《臺北市違建夾層屋處理方案》第 2 條第 7 項
建管單位核發使用執照時，應於使用執照上加註「建築物樓層中任意加設夾層者均係屬違建，不因使用材質而視為室內裝修，除應無條件接受拆除外，並負擔拆除費用。」起造人向地政事務所申請建物所有權第一次登記時，地政事務所應依使用執照所載，於登記簿其他事項欄加註「本建物不得加設夾層，違者無條件拆除，並負擔拆除費用」。

Project

6

法
規
。
小
心
不
觸
法
，
住
得
好
安
心

Part 2 室內整修要注意的法規

4 既有夾層不可隨意換造型

若原本是合法夾層，想要重新整修，必須符合原本的樓地板面積。若想借整修之際，變更夾層造型，像是夾層邊界從直線改成曲線，可能會造成挑空部分的位置、面積會有所更動，需先確定更動後的面積是符合規定的，即可施作。

有些夾層為違建，因此無法整修，一旦知道是違建，就會隨報隨拆，因此若想知道建築物夾層是否合法，可要求建商出示建造執照，再依執照號碼向當地主管建築機關查詢即可。

5 獨棟住宅的夾層可增建

獨棟住宅需確定容積率是否足夠增建夾層。如果委請建築師檢討過容積率、樓地板面積等數據，且也符合法規，要可重新增建夾層應該是沒有問題的。

常見糾紛 Q & A

Q. 想將原有夾層封起來，設計師說不可以，是真的嗎？

家中老屋原本有做夾層，但因生活空間不夠，想將夾層的樓地板封起來，增加使用空間及坪效。問過設計師可以做嗎，他卻說不可以，為什麼？

A. 隨意將樓地板封起來是違法的。

如果住家夾層屬於合法的，在建築物的總容積以及樓地板面積都有一定的設定，因此若要將夾層的樓地板封起來，等於是增加樓地板面積，於法不合，因此建議勿擅自施工。

裝修名詞 小百科

區分所有權人

數人區分一建築物而各有其專有部分，並就其共用部分按其應有部分有所有權，擁有上述「區分所有權」的人，即為區分所有權人。

二次施工

所謂「二次施工」是指取得使用執照後，在私自增建，或將部分面積修改用途，如陽台外推、夾層或挑空、屋頂露台加蓋、將停車空間、騎樓及機械房等改為房間或社區公共設施。這些行為都會影響房屋結構安全，影響建物抗震能力。若增建違反建管法令，仍須強制拆除。

Part 3　戶外設施裝修細則

老屋陽台外推，不是現有屋主施工做的，一旦被檢舉一定會被拆嗎？一樓空地當作自家車庫使用，究竟行不行呢？這些看似沒問題的設計，究竟有沒有違法，這章將為大家說清楚。

Point 01

陽台，外推絕對違法

1 陽台外推行為絕不合法

不論是舊屋已外推或是新屋外推均屬違法。買到已有陽台外推的房子，若過去沒有被查報的紀錄，可在申請室內裝修時附上照片以及平面圖，證明並非自行外推可列為緩拆。如果曾被查報，那麼已屬違建，最好能恢復原狀。

【法律依據】《臺北市違章建築處理要點》第 10 條
領有使用執照之建築物，二樓以上陽台加窗或一樓陽台加設鐵捲門、落地門窗，且原有外牆未拆除者，免予查報。

1 現有外推陽台即便整修，也要符合逃生安全路徑的規範。

圖片提供 © 孫國斌空間設計

Project

6

法
規
。
小
心
不
觸
法
，
住
得
好
安
心

Part 3 戶外設施裝修細則

2 陽台不可影響逃生動線

屋況現狀已為陽台外推時，在裝修時務必注意不可影響消防及逃生路徑的安全；一來是因為既有違建有違法情事，在室內裝修審查許可申請不會過；二來是陽台被設定為逃生空間，除了要維持路徑暢通外，也不可將設備或設施，擺置於陽台上，影響逃生安全。

3 老屋陽台牆面可加裝鐵窗

只要是民國 95 年以前落成的建築物，且完整保留陽台空間，沒有將牆面作更動，又符合 50 公分深以內的規格，若只是在牆上加裝鋁門窗，原則上是沒有問題的。

4 被查報過的，不可維持外推

陽台外推若曾被查報，要依法恢復原狀。如果購買的老屋曾經被查報陽台外推，那麼此陽台就存在著記錄，已屬違建，無論如何都是不合法的。因此建議要恢復原狀，即便是保有現況裝修，也是違法的。屆時若主管機關前來勘驗要求拆除，也必須在規定時間內拆除。

5 鐵窗要留開口，逃生無妨礙

裝設鐵窗須留有一定大小的開口。雖然窗戶可以裝設鐵窗，但是由於考量到逃生安全，因此法規仍規定須留有一定大小的開口，一般須留下約 70×120cm，以符合法令規定。

【法律依據】《建築法》第 9 條

建築物依法留設之窗口、陽台或位於防火間隔（巷）之外牆，裝設透空率在 70% 以上之欄柵式防盜窗，其淨深未超過 50 公分，且面臨道路或基地內通路者，應留設有效開口並未上鎖者，免予查報。

2 一旦有被檢舉過的外推陽台，就不可保留現有的空間，一定要拆除。

圖片提供 © 孫國斌空間設計

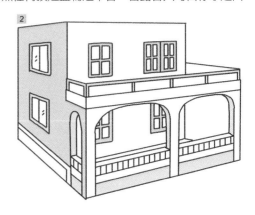

Point 02
雨遮、花架，注意尺寸

1 雨遮最多只能 60 公分

如果想在窗戶上加蓋雨遮，依照法律規定，最多伸出去可達 60 公分，但如果窗戶的位置面向防火巷，則只能有 50 公分。

【法律依據】《建築法》第 6 條
建築物外牆以非鋼筋混凝土材料搭蓋之雨遮，其淨深一樓未超過 90 公分、二樓以上未超過 60 公分或位於防火間隔（巷）未超過 50 公分，且不超過各樓層之高度者，免予查報。前項尺寸以建築物外緣突出之水平距離計算。

1 雨遮長度要注意，不可誤觸法規。

2 搭建花架要依照法定規格

若要在頂樓作庭園，首先是要樓下的住戶簽署同意書，再來是結構只能以竹、木或輕鋼架搭建沒有壁體，且頂蓋透空率在三分之二以上的花架，面積在 30 平方公尺。另外，高度不得超過 2 公尺，否則會被視為違建。

【法律依據】《臺北市違章建築處理要點》第 17 條
搭建於建築物露台或一樓法定空地之無壁體透明棚架，其高度在 3 公尺以下或低於該層樓層高度，每戶搭建面積與第六點雨遮之規定面積合併計算在 30 平方公尺以下，且未占用開放空間、巷道、防火間隔（巷）或位於法定停車空間無礙停車者，拍照列管。

3 修建露台不可納為私用

所謂的露台是指正上方無任何頂遮蓋物之平台。當露台只可由你家進出，雖然權狀不是你的，但是屬於約定專有的區域，因此你可擁有使用權。按照法規此處只能有臨時性的花架，若打算在露台設置鋁門窗增加室內面積屬違法行為，如被檢舉可即報即拆。

2 露臺為約定專有區域，不可私自加裝鐵窗，增為室內面積。

頂樓，加蓋不可重建

1 新的不能蓋，舊的不重建

頂樓加蓋屬於違章建築，法令規定民國 84 年 1 月 1 日以後的新違建全都查報拆除，而民國 83 年 12 月 31 日以前的既存違建原則上僅須拍照列管。

也就是說，在民國 83 年底之前既存的頂樓加蓋，都屬於列管拍照的範圍，雖不合法，但在列管的情況下暫時不予拆除，但如果是將頂樓加蓋的建築翻新，或者是在屋頂上新蓋的頂樓加蓋，都算是違法，只要被查報都將予以拆除。

【法律依據】《違章建築管理辦法》第 11 條第 3 項
新舊違章建築之劃分日期，依直轄市、縣（市）主管建築機關經以命令規定並報內政部備案之日期。

2 修繕行為必須有專業檢定，且範圍小於二分之一的結構

頂樓加若因老舊或有破損需要修繕，只可就材料上進行更換，而不可有結構上的重建行為，或者進行任何改建。修繕行為必須請結構技師進行鑑定，且必須有建築物結構安全簽證以及既有違建證明才可進行修繕工程。

3 若頂樓加蓋需要修繕，必須使用原材料做更換，不可進行改建。

圖片提供 © 孫國斌空間設計

3 老屋可加蓋鐵皮屋頂，高度以 150 公分為上限

有些老屋的頂樓有嚴重漏水的問題，因此規定可於頂樓加蓋鐵皮屋頂以解決現況。在台北市規定若要加蓋合法的斜屋頂，屋脊必須以 150 公分高為上限，內部女兒牆則為 120 公分為限，同時也必須保留一定面積的平台以作為逃生之用。

適用建築為五樓以下平屋頂，建造逾二十年的老屋或是經建築師勘驗後有嚴重漏水事宜的大樓，才可加蓋。

【法律依據】《臺北市免辦建築執照建築物或雜項工作物處理原則》第 2 條第 18 項第 2 款
斜屋頂應以非鋼筋混凝土材料（含鋼骨）及不燃材料建造，四周不得加設壁體或門窗，高度從屋頂平台面起算，屋脊小於 1.5 公尺，屋簷小於 1 公尺或原核准使用執照圖樣女兒牆高度加斜屋頂面厚度。

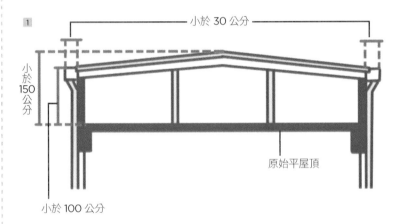

1 老屋鐵皮屋最高只能蓋到 150 公分，四周不可加裝壁面或門窗。

4 頂樓加蓋不屬於私人所有

按照公寓大廈管理條例，屋頂平台是屬於公有空間，不可佔為私有，若想增加頂樓利用率，除了預留的避難面積不得小於建築面積之二分之一外，在該面積範圍內亦不得建造其他設施（如鴿舍），也要獲得鄰居（區分所有權人）開會決議同意之後，才可以使用。

5 頂樓加蓋不可重新改建為套房

依照法規，由於將原有的頂樓加蓋隔間成小套房出租，影響大樓的結構而危害公共安全，且工程已經變成違章建築的重建，違反違章建築處理要點，因此不管住戶或管委會會不會申告，台北市工務局也可以列入優先執行查報拆除。

Point **04**

外觀拉皮，
全體住戶要
同意

1 外牆拉皮，先徵求全住戶同意

先請專業人士鑑定房屋漏水原因，如果責任歸屬不在住戶，那麼修繕工程應由管理委員會負責。建議可召集全體住戶（區分所有權人）組成區分所有權人會議，交由管理委員會執行修繕義務，同時修繕金額也應由管委會支出。若無管委會，可由全體住戶都同意後施作後，依比例分攤支出。

1

2 外牆做防水，要徵得相鄰住戶同意

若想在外牆塗上防水漆，建議你徵求相鄰外牆住戶的同意，可讓修繕工程更加順利。同時，若是有管委會的狀況下，建議先確定公寓大廈的規約是否有限制外牆材質。

3 外牆拆掉廣告招牌，需確定產權是否獨立

先確定建物產權是不是獨立的，若是則可以自行決定修繕而不需經過其他住戶同意，廣告看板只需符合「廣告物管理辦法」的規範，但是外牆整修則需要依照「一定規模以下建築物免辦理變更使用執照管理辦法」，請建築師或結構技師作結構安全簽證，並申請外牆修繕的報備。

1 若是自家那一層要拉皮，也需徵求其他住戶的同意。

1 大樓之空地為公有不可佔用

按照公寓大廈管理條例，公寓大廈區域內的共有部分不可獨立使用做為專有部份，也就是說，社區內的花園或是空地均屬於全體住民所共有，因此若有挪作私用的情況，將危害其他住民權益，會受到規約或區分所有權人會議決議之限制。

攝影 © 葉勇宏

2 法定空地可做為停車處

如果一樓空地為法定空地，那麼將車子停在上面，亦即單純的平面停車是沒有問題的，但先決條件為沒有搭建任何固著建築，也就是沒有樑柱、屋頂或者是與地面結合的結構體。不過法定空地是大家均可使用的，建議事前需和住戶協調，不可當成私人土地使用。

3 總容積不足，庭院不可改成車庫

若所居住的該棟建築物總容積沒有用完，可以請建築師申請增建建造執照，那麼就可將一樓庭院改成車庫。但如果總容積用完，那麼庭院的空間就不可使用，否則會被視為違章建築並可即報即拆。

4 法定空地可搭建非固定式建築

若想在一樓空地的停車位做雨棚遮雨，只要雨棚是屬於可移動式的，就可以施工搭建。例如可動式帆布架，這並非是固定於地面上，因此也沒有法規上的問題。

1 挪用公共空地要經全體住戶同意。

Project

6

法
規
。
小
心
不
觸
法
，
住
得
好
安
心

Part 3 戶外設施裝修細則

5 若空地有分管約定，則可讓給一樓使用

若之前全棟住戶有分管協議讓一樓住戶使用法定空地，一樓住戶即可作為私人使用，但所造建物也需符合法規。若無簽訂分管約定，即為無權佔用，若私自作為倉庫、車庫使用，可檢舉報拆。

**常見糾紛
Q & A**

Q. 簽訂分管契約，就有權使用老屋頂樓嗎？

房子蓋了 30 年以來，5 樓屋主都利用頂加作為自己的私人空間，3 樓剛搬進來的新住戶認為頂樓是公用的空間，因此檢舉報拆，但 5 樓屋主出示證明當初有簽訂分管契約，因此可以繼續使用頂樓，這樣真的合法嗎？

A. 由於有分管契約，因此 5 樓屋主有權使用頂加作為私人空間。

分管契約為大樓的所有住戶協商將法定空地讓給某一特定所有權人使用。若有協議分管契約時，頂樓加蓋是可以屬於 5 樓屋主使用的私人空間。
即便當初沒有簽訂，假使從第一任的屋主開始，30 年以來全棟原來的住戶都認同未檢舉抗議，或是 5 樓的管理費相較比其他住戶都高的狀況下，表示住戶都默視頂樓可給 5 樓屋主自住，也可算是分管的證明之一。

**裝修名詞
小 百 科**

法定空地

為了管制土地使用強度與密度，除了實施容積管制外，法律並規定基地面積與建築面積的比率關係，以維持基地內一定比率的空地面積，稱為建蔽率管制；所以基地面積扣除實際可供建築面積後的空地面積，就稱為法定空地。

分管契約

共有物之管理，依《民法 820 條》，原則上由共有人共同管理，但共有人另訂有契約，則依契約。分管契約為共有人約定各自分別就共有物之「特定」部分為使用、收益者，稱為「分管契約」。

完工後，又要準備開始搬家了，
事前在心中演練一回搬家流程，
就可以在當日順利入厝！

剛完工的新家，千萬別急著入住，

因為牆面油漆過的粉塵，在完工後還會持續掉落，至少要兩個禮拜後才會掉乾淨，

入住前也一定要重新大掃除一次，以免東西搬進去後，又有灰塵污垢藏在傢具下。

要和搬家公司做好溝通，瞭解當日可能產生的額外費用，

大型傢具先入場，事前可以先做好傢具的定位。

當天最好有兩人以上一起搬，一人在車邊 stand by、一人引導搬家人員把東西放到正確的位置

順利搬完後，就能享受舒適的新生活！

Project

7 搬家　一天入住的搬家流程，收拾整理有效率

完工後最重要的就是開始準備入住，剛裝潢好的新屋會有施工後的大量粉塵、木屑，必須要在入住前進行清掃。同時開始聯繫合格的搬家公司進行估價，並開始打包暫住處的行李，並標註置放的所在地。搬家當天則請搬運人員將行李、箱子放置相對應的位置，事前做好萬全的準備，才能在搬家當天就整理完畢後優雅入住。

項目	Part 1　入住前的整理清潔 約4~5天		Part 2　搬家前的事前準備 約14天	
施作內容	1	**施工前，和設計公司簽訂清潔工程。** 主要為粗略的清理現場殘留的大型垃圾、灰塵等，不包括細部的清潔處理。	1	**事前制訂搬家計畫。** 列出該準備的事項及時間表，像是聯絡搬家公司、通知房東退租、開始打包等，及早開始準備。
	2	**至少等完工後兩個禮拜再清掃。** 由於剛裝潢完的房屋，牆面會持續掉落粉塵，因此若馬上去掃，也可能在隔天又能看到積了一層新的灰塵，勉強入住則會造成清潔上的困擾。	2	**詳細詢問搬家費用。** 由於搬家費用會受到物品數量、尺寸、有無電梯、搬運距離等因素，而有所增減，建議要事前問清楚，以免造成糾紛。
	3	**由上而下開始打掃。** 全室一定要用吸塵器吸過一次灰塵，特別是天花板的部分，如果有做間接照明，間照的溝槽也要仔細清理。		
可能花費	清潔工程費用	主要為粗清的費用，以個案而定，大多在 NT.2,000 ~ 5,000 元 / 人	水電雜費	退租前要先繳清水電及各項雜支費用。
	可能花費	請專業清潔公司進行仔細的大掃除，費用依坪數和清潔人員數量而定，大多在 NT.10,000 ~ 20,000 之間。	搬家費訂金	依各公司而定，有些為總費用的 1/3 或付定額 NT.1,000 ~ 3,000 元左右。

職人應援團

誠品優質搬家公司
陳經理

事前做好溝通，事後無糾紛

有良好制度和信譽的搬家公司在事前和屋主
溝通時，會仔細詢問屋主的所有物件數量、
種類、尺寸等，讓所有的報價計算公開透明。
若有必須要現場才能確定的加價服務，像是樓
層搬運費等，也會提前向屋主告知，讓屋主有
心理準備，避免事後的加價造成無謂的糾紛。

家事達人
楊賢英

搬家第一件事，先洗浴室和煮飯

搬完家的第一件事，建議先清洗浴室、燒開水
和煮飯。由於必須要顧全人的生理需求，因此
建議先掃浴室，讓衛浴空間變得乾淨，方便家
人盥洗。同時搬家中很容易忘記顧慮到民生大
計，因此先燒水、煮飯，藉此消除搬家後湧上
的疲累感。

▶ Part 3 怎麼搬才能一天入住
1天

1 **物品事先標上記號。**為箱子、傢具
編號，同時在房門口貼上對應的號
碼，方便搬家人員辨認，就可以將
箱子放進正確的空間裡。

2 **要有兩人相互接應。**最好家中有兩人
跟著搬家公司，不論是在遷出或遷
入時，一人在車旁監督行李的搬遷，
一人在屋內協助人員搬出和搬入。

3 **箱子放在收納櫃旁邊。**衣物箱直接
放在衣櫃旁、書籍就放在書櫃旁，
可以就近整理，不用再搬動，節省
力氣。

搬家費 **搬家當日結清。**以車計價，平均一
車 NT.3,200 元左右，若是步行可到
的距離，則依距離而定。

Check List

☑ 考量重點

全室清潔打掃

☐ 從上而下清掃，全室先用吸塵器吸過一遍。
☐ 所有櫥櫃都要打開櫃內清理，五金、抽屜都不能
輕忽。
☐ 窗戶拆下來重洗，要注意窗溝易積灰塵。玻璃擦
至無水痕。
☐ 衛浴廚房的清潔劑要注意不可用錯。衛浴用酸性
清潔劑、廚房用鹼性清潔劑。

搬家公司諮詢

☐ 找合格有登記的搬家公司。
☐ 謹慎評估搬家費用，可請搬家公司到現場估價。
☐ 事先留意需加價的費用：樓層費、拆卸費等。
☐ 如遇雨天，提前告知是否延期。

搬家當天事項

☐ 大型傢具先就定位，可事先在地板貼上膠帶標示。
☐ 貴重物品或易碎物要再次提醒小心輕放。
☐ 核對清單明細和現場的數量是否正確。
☐ 搬完後三日內要檢查是否有物品毀損。

Part 1　入住前的整理清潔

當裝潢工程接近完工的同時，現場會留有施工時遺留下的垃圾、粉塵等，甚至有不小心潑灑的油漆、殘渣等，都必須在入住前整理好，才能在完工後馬上入住。目前清潔可分成「粗清」和「細清」，可交由設計公司一起施作，或是交由專業的清潔公司處理。

Point 01
驗收交屋前的粗清

1 施工簽約前內附清潔工程

在和設計師簽訂工程合約時，可以發現最後一項通常是「清潔工程」。這是因為在施工的過程中可能會有工人遺留下來的油漆筒、刷子等工具或廢料，以及一些因為施工而造成的灰塵，如木料屑、噴漆的粉塵，甚至是地板上或牆面有工人不小心留下的殘渣等等，這些是因施工所形成的垃圾，設計公司必須要處理乾淨後才能和屋主交屋驗收。

2 設計公司大多只做到粗清

一般設計公司只做到「粗清」，將現場的施工廢料（指施工時所產生的廢料，並非拆除工程的櫃料等），以及現場的粉塵，像是因為高壓噴漆帶來的白色粉末灰塵、鋁窗或泥作施工時的水泥泥塊、現場保護板的清除，只要現場看得到的平面表面粉塵，像是地板、櫃子表面等等，用掃把或雞毛撢子清乾淨。有的粗清甚至還包括請發財車或小貨車來清運已整理或打包的廢棄物。

若想要在交屋驗收前，徹底的做到一塵不染，可以和設計公司討論再加價做到細清的清潔。

3 簽約時，問清工程內容

目前的室內裝潢來說，大部份的設計師或裝潢工程公司都會把這類的清潔工程費用計算在估價單中，因此在簽合約時，最好問清楚，其費用包括哪些？以免收取了細清的費用，卻只有做粗清的工作，就不划算了。

另外，設計師也建議，由於現在的施工愈來愈先進，運用很多高科技的工具在裝修工程裡，因此灰塵很多又大量，並不建議屋主自行清理，因此若可以的話，建議還是找專業人士協助處理，才不會破壞搬家的興緻。

4 地板工程完成後開始清掃

清潔工程主要在清理空間裡的灰塵跟餘留下來的雜物及垃圾，因此大多在泥作及木工退場，地板工程完成後，窗簾、傢具、佈置工程等尚未進場前，請人來清理。

窗戶、冷氣的清潔要特別注意

1 合約中註明清掃的程度，可交由設計公司做到粗清＋細清的工程。

Point 02

搬家前的大掃除

1 細清可以自己來或給專業清潔公司

設計公司完成粗清，驗收後交屋，屋主可自行開始打掃或請專業的清潔公司處理。由於木作櫃內部會有殘留的木屑；牆面打磨上漆後，粉塵會持續掉落一段時間，因此即便有粗清，也會有大量灰塵的累積，建議在搬家入住前，先進行大掃除。
清理的範圍，除了表面看得到的地方外，甚至門窗、紗窗、櫥櫃內部的抽屜、五金、溝縫……等等，都必須全部擦拭清潔，則為「細清」。一般若自行清掃的話，以一人單獨清掃而言，可能需花到 4 ～ 7 天處理完畢，但有些特殊的污漬，自行施作可能難以去除。

2 需專業的清潔工具

由於施工中可能會在地板殘留油漆、磁磚接縫處的填縫劑未清理乾淨等等，這些污漬無法用一般的清潔劑去除，若自行處理的話，不但無法清理乾淨，可能還會傷害建材表面，反而得不償失，因此裝潢後的細清需要專業人士來處理。

3 費用依坪數和人力而定

細清的話，由於做工較細，並且負責的內容繁多，再加上必須用到不少專業的清掃工具，因此在時間上及收費上較粗清貴上很多。一般來說，以 30 坪左右的房子，需要花費 2 ～ 3 人，才有辦法在一天內將所有的東西打掃乾淨，費用上大約 NT.10,000 ～ 15,000 元左右，更詳細的報價必須視現場坪數和清潔人員的數量而定。

項目	粗清	細清
清理內容	現場垃圾及看得到的地方灰塵清掃。	全室清掃，包括看得見及看不到的地方，如門窗、紗窗、櫥櫃內部的抽屜、五金、溝縫等。
清掃人數及時間	1～2人／一天，一般為木作師傅或請歐巴桑來協助清理。	3～4人／一天，需專業人士施作。 預計費用 以 case 計算，大約台幣 2000～5000 元不等。視廠商而定，有的用坪數計算，有的以時間計算。但以 30 坪左右來估算，全室整理大約台幣 NT.10,000～15,000 元不等。
使用工具	拖把、掃把及雞毛撢子、一般清潔劑，做簡單打掃。	一般專業人士會自備專業的 布、吸塵器、高壓水槍、專業的清潔劑、玻璃刮刀及安全刮刀清除膠點或油漆點、專業樓梯等等。
專業度	低	高
可能後遺症	屋主在搬家前需再做第二次的徹底清潔。	屋主不需二次清潔，或者搬家時只需用抹布擦拭一下，即可開心入住。

4 一般清掃由上而下開始施作

清潔工程的施作順序多半為由上至下，由內至外。因此先從全室的天花板除塵開始，再來處理牆面及櫃面的除塵清潔工作，最後才來打掃地板。

建議先全室吸塵，主要在清理地面、間接照明、窗溝及櫥櫃內部，做第一階段的除塵工作。而天花板最要注意的是間接照明的部分，間照層板上常會積有一層很厚的粉塵，這是油漆打磨後所累積出來的，對人體很不好。建議先用吸塵器吸過一遍後，再用抹布擦拭一次。

接著擦拭燈具，若為高級的吊燈燈飾或水晶燈具，則建議屋主請專業燈飾公司處理即可。

5 窗戶溝槽要注意

窗戶的溝槽也容易有粉塵堆積，建議要先拆卸紗窗、窗戶，溝槽處用細嘴的吸塵器吸過一遍，再用濕布擦拭窗框、溝槽，並清洗紗窗、以玻璃刮刀搭配酵素清潔劑，將玻璃擦拭至光亮。有些玻璃上方會有油漆留下的飛漆或是殘留的黏膠，建議以安全刮刀去除。有些清潔公司不會包含到此種的清潔項目，怕會弄傷玻璃的隔熱膜，可事前詢問清楚。

1 玻璃表面以酵素清潔劑擦拭至無痕。

6 衛浴用酸性清潔劑，廚房

用鹼性清潔劑

衛浴利用酸性清潔劑做全室處理，包括磁磚、浴缸、洗手台及馬桶、其他的衛浴設備。廚房主要以鹼性清潔劑處理空間裡的油污及清潔工作。要注意清潔時，陶瓷馬桶和洗手台不要用菜瓜布的粗糙面清潔，以免留下細微刮傷。

攝影 © 蔡竺玲

2 不要用菜瓜布的粗糙面擦拭龍頭，以免留下刮痕。

7 地板依材質分別處理

分為石材地板、木質地板，其處理方式不同，必須專業處理較為適當。

A 石材地板

若為大理石，由於大理石的吸水高，先以靜電拖把吸附灰塵，防止灰塵細沙刮傷表面，再使用擰得很乾的拖把擦拭。市面上有大理石專用的清潔劑，若用一般的清潔劑時，務必選用中性的清潔劑，避免強酸或強鹼，否則會腐蝕表面造成破損。

B 磚材地板

以吸塵器吸除地板表面的木屑、灰塵，若是沿用原先的地磚，則可以用洗地機先行洗過，再用吸水機清過一遍。接著以中性清潔劑加水稀釋後擦拭乾淨，尤其轉角處或磁磚縫隙若留有殘膠，建議先用安全刮刀或專業工具去除。

C 木地板

先清掃垃圾、砂塵，確定無砂屑殘留在木地板縫隙後，再以半乾的拖把擦拭，擦拭的方向要和木地板的鋪設方向平行，切記拖把不能太濕，以免縮短木地板的使用壽命。若有需要，可以上蠟處理保養。

8 全室櫥櫃要打開擦拭內部

先以吸塵器吸除櫃子內部的粉塵、木屑，再將櫃子內外的灰塵清除乾淨，可先用濕布擦拭後，再用乾抹布將水漬或水痕擦拭乾淨。處理範圍包括客廳的電視櫃、餐廚櫃、廚房的廚櫃及臥室的衣櫃等等，主要針對抽屜、層板、門板及把手五金的清理。

9 全新空調擦拭外部即可

一般新機的空調設備會做外表擦拭，若屋主沿用之前的空調，則將裡面濾網拿出來清理。

10 大門和鏡面清潔

大門的門框、門板和玻璃要擦拭乾淨，有些門框五金還必須上白鐵油，讓門的開闔較為順手。另外，室內鏡面及玻璃的清潔要利用專業的玻璃刮刀及專業清潔劑清理，避免水痕殘留。最後是擦拭所有的按鍵開關、插座。

Point 03
找合格有口碑的清潔公司

1 親友介紹有口碑的廠商

最好是有親朋好友推薦的清潔工程廠商，因為配合過彼此知道清潔工作的細節會做到多細或多粗，而且還有親朋好友掛保證，當然會比較放心。

2 尋找合法立案的公司

這點很重要，一家有政府立案的公司會比較有保障外，公司本身也會十分注意本身管家的水準，像是有無良民證或是為員工投保意外保障，甚至會做職前教育。如此一來，前來施作的管家才會清楚知道要如何善用手邊的清潔劑，做最適當的處理，而不會把建材弄壞了。

3 最好現場估價

由於裝潢後，工人撤場的收尾水準不一，因此並非全部的粗清會做得很徹底，最好在清潔前要先約個時間，由專人至現場看過後再報價，才不容易發生糾紛。一般來說，粗清與細精的價格差異很大，因此必須確定該公司除了將灰塵清掃之外，連同看不到的櫥櫃抽屜，是否會拉出來清理，而且連同櫃內的五金是否也有清

理等等都要說明清楚。報價才會明確合理，公司的人力派遣也才會正確，才不會發生時間到了，還沒清理完，人員就撤退的情況。相較之下，若是清掃公司僅是電話口頭報價，恐怕到打掃當天會出現很多問題，反而得不償失。

4 是否具備專業工具

裝潢後的清掃現場有許多粉塵外，還有許多因施工而留下的污點，像是油

1 清潔公司現場進行估價較準確。

漆點、殘膠的遺留，或是地板水泥塊的清除等等，甚至有些是舊屋翻新，像是衛浴或廚房有很嚴重的油垢或尿漬，都必須利用專業的工具及清潔用品來清除才行。因此最好先詢問一下，對方是否會自行攜帶工具，例如大理石或拋光石英磚地板要用洗地機及吸水機處理、是否有專業的吸塵器、安全刮刀、玻璃專用的刮刀，以及挑高空間是否有帶萬向拖把和伸縮長桿來處理等等。

5 是否有清潔專業知識

由於現場都是新的建材，最怕刮花或是破壞，因此最好能先行考驗一下管家的專業知識，像是：廚房重度油垢及頑垢建議使用鹼性，衛浴則使用酸性清潔劑，另外大理石怕酸，會氧化因此千萬不能用、玻璃及不鏽鋼不能用菜瓜布等等，以確定來負責清掃的人員是否具有專業性。

**常見糾紛
Q & A**

Q. 才過兩天又積灰塵，清潔公司沒做到位？！

才剛請清潔公司來打掃，結果不到兩天後去看，又積了一層灰，是不是清潔公司沒有掃乾淨？

A. 可能是剛完工後，粉塵仍未掉完造成的，建議在完工後兩個禮拜再開始打掃。

由於牆面會經過打磨上漆，因此在完工後一段時間內，牆面的粉塵會持續不斷掉落，約要等兩個禮拜至一個月後才會逐漸掉乾淨，建議至少等兩個禮拜以上再行打掃。

請清潔公司到場清掃時，也可到場進行監督，若看到不乾淨的地方，可直接請清掃人員打掃。假使當天未能到場，也要在隔天去現場驗收。

**裝修名詞
小 百 科**

粗清

所謂的「粗清」，帶走現場的大型垃圾，如施工廢料、粉塵、遺留的刷子工具等表面粉塵，大致清掃過一遍而已。

細清

整體空間詳細清掃，窗戶溝槽、間接照明、櫃內五金等，都會全部清理乾淨。

Part 2　搬家前的事前準備

關於搬家，有許多細碎而複雜的事情要處理，要聯絡搬家公司、要和房東確認
退租日期；除了要清掃新家之外，租屋處也要掃乾淨才能完整的交還給房東。
只要在事前預想過一遍流程，並詳列該做的注意事項，就能提醒自己不忘記，
也能順利做好所有流程。

Point **01**
制訂搬家計畫

1 條列搬家前的注意事項

在搬家前，有很多瑣碎的事情要處理，建議列出代辦事項的清單，讓搬家
更加有條理的進行。

A 一個月前	☐	1 房子接近完工，開始進行粗清。
	☐	2 和設計師進行第一次的驗收，標註出需要補強重新施工的地方。
	☐	3 和房東確認不再續約。
	☐	4 尋找搬家公司。
	☐	5 丟棄不要的傢具。
B 三週前	☐	1 確認新家水電已經完工且可以使用。
	☐	2 和設計師進行第二次的驗收，確認所有已改善的地方後交屋。
	☐	3 進行細部清掃。
	☐	4 標記傢具的擺放處。
C 兩週前	☐	1 開始打包行李。
	☐	2 將租屋處整理乾淨。
	☐	3 和搬家公司確認物品。
	☐	4 向銀行、郵局等變更地址。

D 搬家前兩日	☐	1 確認冰箱除霜，將冰箱和洗衣機多餘的水分清乾淨，拔掉插頭。
	☐	2 繳清租屋處的水電費以及各項雜費，和房東聯絡取回押金。
	☐	3 和搬家公司確認搬家時間。
	☐	4 清除垃圾。
	☐	5 購買的新傢具先行入場。
E 搬家當天	☐	1 將鑰匙歸還給房東。
	☐	2 將所有電源關閉。
	☐	3 檢查是否有遺漏物品。

2 尋找有信譽且合格的搬家公司

合格的搬家公司應有「搬家業者營利事業登記」，表示為有登記的合法公司，可上經濟部全國工商服務入口網查詢，若有登記，可於此網站查詢得到相關資訊。另外，也可上「崔媽媽基金會網站」查詢（http://www.tmm.org.tw/），崔媽媽基金會建立了一套評價搬家業者的系統，具有相當的公信力，相信可找到合適的搬家公司。

1 可上「崔媽媽基金會網站」查詢優良評價的搬家公司。

3 搬家前兩週打包行李

由於是暫住處，相信要整理的東西並不多，因此只要在搬家前兩週再次打包行李即可。同樣的，將物品分類整理，只要一天整理一類即可。要注意箱子內部的東西要上輕下重，易碎的碗盤杯壺不要貪圖方便，疊在一起打包，一定要個別單獨包裝。

4 倉儲空間退租

如果有在倉儲空間寄放大型傢具、物品時，在搬家的前兩日向倉儲公司聯絡退租事宜，並取回押金。由於倉儲空間多為 24 小時開放自由進入，因此在聯絡搬家公司時，也要告知除了要從租屋處搬運之外，還需從倉儲空間搬出傢具等物品。

Point **02** 搬家公司的聯絡事宜

1 先行在電話或網路詢價

和搬家公司聯繫時，可先用電話估價提供大致的傢具和衣物的數量、尺寸，是否有傢具需要拆卸、床墊是否可折疊、有無系統櫃等，有些傢具和系統櫃是需要拆卸的，通常搬家公司會提供簡易的拆卸服務，若是數量一多就會增價。因此有經驗的搬家公司在電話詢價後，也會到現場進行更詳盡的估價，避免報價有落差造成爭議。目前有些搬家公司也提供通訊軟體 APP 線上估價，可拍下照片後直接用手機傳給搬家公司，即可及時核對數量，並提供確切的報價。

在和搬家公司聯繫時，可事先列出以下的搬運清單：

	項目	數量	項目	數量
搬運清單	沙發組	＿＿＿人座 + ＿＿＿人座 + ＿＿＿人座 × ＿＿＿組	電風扇	＿＿＿台
	洗衣機	容量＿＿＿ kg × ＿＿＿台	電視	＿＿＿台
	電視櫃	＿＿＿個	床組	＿＿＿組
	冷氣	＿＿＿台	電腦設備	＿＿＿個
	鞋櫃	＿＿＿個	大型衣櫃	＿＿＿個
	五斗櫃	＿＿＿個	書櫃	＿＿＿個
	餐桌 + 餐椅	餐桌＿＿＿張 + 餐椅＿＿＿張	書桌	＿＿＿張
	冰箱	＿＿＿個	廚房用具	＿＿＿箱
	衣服	＿＿＿箱	雜物	＿＿＿箱

2 告知搬遷日期、時間和地點

如果已看中特定入宅時辰應事先強調，尤其選擇的若是搬家吉日時，可能當天搬遷的人很多，業者車子可能來不及調度，建議先和業者約定搬遷時間，好讓業者調度車輛。

另外，要告知遷出和遷入的地點，若是有租賃倉儲空間，遷出地就有兩處，也要和搬家公司告知。

3 估價方式

一般來說，多是「以車計價」，依搬運的數量和容量去選擇車子的噸數和輛數，價格會依遷入 & 遷出地之間的搬運距離、所在樓層、有無電梯、當日的服務人數、步行距離、是否為特殊地形（如坡地、斜地）、是否有超重物品等有所增減。

舉例來說：遷出和遷入地皆有電梯可搭，且電梯容量大，大型傢具不需走樓梯搬運，車子可停於大樓的地下停車場，且步行距離在 20 公尺內，選擇 3.49 噸的車子，配置兩位人員約是 NT.3,200 元 / 車。

另外，也有「包價制」的計價，則需和搬家公司說明需要的車數、人數等，價錢依個案而定。

1 以車計價，並依物品的數量和尺寸，選擇車輛噸數、車數和人員配置多寡，價格會有所增減。

圖片提供 ◎ 誠品優質搬家公司

4 需要加價的服務

有些特殊的傢具，像是系統櫃需要額外的拆卸；或是搬運地點太遠，巷弄太小車子停不進去，需要步行搬運的狀況下，搬家公司會收取增加搬運的費用。因此有經驗的搬家公司會事先問清楚搬運的地點和物品狀況，提前告知屋主可能的收費情形，事前做好詳盡的溝通，才不會有費用上的糾紛。

A 樓層費

若原本有電梯的狀況下，像是有些高價的床墊，屋主不願意彎折進入電梯，就會採取樓梯的搬運方式，一層樓的價格約是 NT.50 元，依層數收費，若要搬到 5 樓，就需收取 NT.250 元的費用。而老屋大多是沒有電梯的，因此在事前可告知搬家公司有無電梯，則會另行計價。

B 拆裝費

一般傢具、床組，可提供免費的拆卸和組裝服務。但像是系統櫃需要專業工具的拆卸，且需要花時間，各家公司的費用不一，多是以櫃體數量和體積而定。舉例來說，寬 90 公分、高 200 公分的衣櫃，電梯若夠大，可不用拆卸，直接搬運。若是寬 120 公分、高 200 公分的話，電梯無法進去，就需要拆卸，則需約再負擔 NT.1,200 元拆卸和組裝費用。

圖片提供©＿誠品優質搬家公司

C 距離費

由於有些老屋位於小巷弄中，貨車無法進入，需要人員搬運進去的狀況下，就會酌收費用。一般會以一定距離的步行為計算，像是超過 20 公尺以上才計價，這部分需要當日搬家才能確定是否需要收費。但是搬家公司會先告知屋主，讓屋主有心理準備。

D 特殊重物

像是大冰箱、鋼琴、金庫、保險庫等，都算是特殊重物，需要另外計費。

E 清運費

若要請搬家公司帶走多餘的垃圾，可不要以為是可以「順便」請人帶走，這部分也是要另行收取清運費的。

5 老屋巷弄小，可能需要增員搬運

一般老屋所在的巷弄可能較窄，車子無法直接進入，若有搬運時間的限制，一旦物品數量很多，建議要主動詢問是否要增加人員搬運，以免人力不足使搬運時間變長。

1 一般傢具、家電，搬家公司也會提供免費的包裝保護，避免在運送過程中造成受損。

2 超過一定的步行距離，需要另外加價，依各公司而定。

6 貴重物品自己加保

事前可詢問搬家公司關於損壞理賠的條款，各公司的理賠原則不同，理賠的金額上限也不同，因此要先問清楚。另外，若物品中有貴重傢具、古董等，建議自行加保，萬一不幸受損，因有理賠上限，保險公司也無法理賠全額。因此另外保險，較為安全有保障。

常見糾紛 Q & A

Q. 事前沒簽約，事後漫天加價？！

和搬家公司電話估價時，價格說得很便宜，沒簽約就直接下訂。結果到了搬家當日，才告知東西很多、走路很遠、樓層很高，全部都要加價，比當初說定的價格高出一倍，這樣合理嗎？

A. 大多數的搬家糾紛，都起源於「不當加價」，因此在和搬家公司估好價後，一定要簽訂合約，並且明列搬運的數量、遷出＆遷入地的所在樓層、有無電梯，是否有工資另計或是搬遷地點上步行距離的限定，列出詳細服務內容後，再行簽約，目前已有「搬家貨運定型化契約範本」，可上交通部網站下載。若是搬家當天遇到這樣的情況，建議立即報警尋求協助，不要貿然簽約。

另外，崔媽媽基金會提醒，合法搬家公司要有三證，也就是搬家三合一驗證，包括「搬家業者營利事業登記」、「搬家契約書」、「廣告宣傳物」，三者的公司名稱一致。合格的業者大多愛惜羽毛，因此會避免產生加價的糾紛，可藉此篩選搬家公司的名單。

裝修名詞 小百科

搬家業者營利事業登記

民眾可到經濟部全國商工行政服務入口網，在商工登記資料查詢頁面中，進入公司登記資訊，輸入搬家公司的統一編號或是公司名稱，即可查詢此搬家公司的營利事業登記，網址為 http://gcis.nat.gov.tw/new_open_system.jsp。

搬家貨運定型化契約範本

為搬運的定型化契約，以保障消費者和搬家公司之間的權益。可上交通部網站（http://www.motc.gov.tw/ch/home.jsp?id=844&parentpath=0,2,838）或是崔媽媽基金會（http://www.tmm.org.tw/pub/moveagr.htm）下載。

Part 3　怎麼搬才能一天入住

很多人認為搬家很簡單，若是沒有事前做好規劃，一旦到了搬家當天，箱子該放哪裡、傢具要放哪裡，等到手忙腳亂的放好之後，才發現妹妹房的衣服放到了哥哥房、姐姐的書放到了廚房，事後還需要整理歸位更麻煩。因此只要在事前做好規劃，物品有效率的歸位，讓搬家一點都不困難。

Point 01

事先的預備規劃

1 前兩日先為大型傢具定位

若有購買新的大型傢具，建議在搬家之前請傢具行先行進屋，以免等到都搬入後，大型傢具難以進入。另外，若傢具為當天搬入，可於前兩日先到新居為大型傢具選定擺放的位置，床頭要朝哪裡、三人座 + 兩人座的沙發組要怎麼擺才不會擋到走廊或陽台、衣櫃要放哪一側才不會有日曬，可先在地板貼上膠帶標示出來，方便搬家公司辨認。

1

1 事先規劃傢具的位置，當天搬家不忙亂。

2 打包的箱子和房間門上做編號

由於搬家公司可以幫屋主將物品擺放定位，因此建議在打包的箱子和房門上編號，舉例來說，主臥房為 1 號，要搬入主臥的箱子外側通通都貼上 1 號的標籤，其餘房間以此類推。若是廚房、餐廳或客廳的物品，可直接在外側寫上區域名稱，請搬家人員直接放入對應的區域。這樣一來，就能將物品直接歸位。

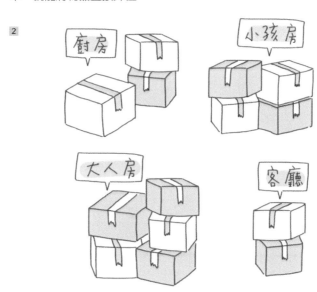

2

2 依照各房間和區域將箱子編號分類。

3 事先預留車位

事前預留租屋處和新家的車位，如果有大樓管理員時，可事先告知，以免當天沒有車位可以停。

4 雨天延期需事前告知

若在搬家前一日，知道可能會遇到雨天的話，如要延期，需事前向搬家公司聯繫。若要如期進行，建議事前詢問是否有遮蔽防雨的措施。另外，若一開始訂定的車型是平斗車，也要確認是否有帆布可以遮雨，或是要更換車型。

Point 02

搬家當日的指揮

1 配置一人隨車、一人監督

搬運過程中，家中最好有兩人相互配合。一位在屋內協助服務人員搬出，一位等在貨車旁等待上貨。等到了新家，一樣是一人在車子旁協助卸貨，另一人在屋內協助搬家人員將物品歸位。這樣才能有效率的進行搬家，以免一個人要同時盯緊兩件事，實為分身乏術。

2 搬入時，從最內側的房間先搬

在一開始自己的老房子裝潢之前，就需搬出房子內部的傢具、物品。建議搬出時，先從最外側的玄關、客廳先搬，若先從內側的房間搬起，容易碰撞到客廳的沙發、傢具；接著搬入時，房子最內側的空間先搬，尤其像是廚房冰箱、後陽台的洗衣機等大型家電要先進入，若是先放客廳、餐廳的物品，一旦物品塞滿通道，內側空間就不易進入了。

搬出動線順序

搬入動線順序

3 書籍、用具直接放在櫃子旁

像是書籍、廚房用具等，由於這些物品的重量都不輕，讓物品就定位時，可以請工作人員將箱子、書籍直接放到廚櫃或書櫃的前面。如此一來，整理時就能更順手，也不用再另行搬運。

1 不需剪斷繩子，放入書櫃後再剪斷。

4 事前量好書櫃長度，打包書籍

在第二章的計畫中曾提到書籍打包，可事先量好書櫃層板的長度，將打包的書籍捆成約書櫃長度的一半。舉例來說，書櫃長度為 60 公分，可用繩子打包成兩捆高 30 公分的書籍。

當在搬入時，可直接放入整捆的書籍，記住不需先剪斷繩子，這樣就能直接整理好成堆的書，方便又省事。

5 清潔工具最後上車，最先下車

大型傢具像是冰箱、洗衣機、衣櫃、廚櫃、床組等，先就定位後，接著再搬剩餘的箱子和零碎物品。另外，清潔工具、盥洗用品是到達新家可能會馬上用到的物品，因此建議搬出時要最後上車，到了新家時最先下車放置，才能方便拿取。

6 傢具和傢具之間留出空隙

在指揮搬家公司放置傢具時，不要將傢具排得太緊密，以免相互碰撞而掉漆。另外，若在擺放上有習俗禁忌時，要事先告知，像是有安床位的打算，床就不能先靠牆。貴重物品、易碎品要在搬運途中再次提醒搬運人員小心輕放。

7 衣物整盒放入

在第二章的打包時，就已教大家關於衣服整理的技巧，可以將輕薄的夏季衣物、內衣背心等用鞋盒裝入，由於是已經折疊整齊的衣物，因此整理時就可以輕鬆地整疊放進衣櫃中，不必再多做一次整理的功夫。

2 利用鞋盒、衛生紙盒先行整理好衣服，收拾時再整疊放入即可。

8 冰箱要靜置四小時後再開啟

冰箱、冷氣機、除濕機搬運前，先去除機內的剩水，安置好後最好經過四小時再插電源，以保護家電的壽命。

9 結束後確認是否有物品遺留

在搬上貨車及最後搬完時，都要注意是否有物品遺留在舊家或是在貨車上，並依照清單明細上的數量再次清點確認。

常見糾紛 Q&A

Q. 過了半個月才發現物品被撞壞，搬家公司不理賠？！

搬家過了兩個禮拜後才開始整理物品，發現電腦螢幕被撞壞，告知搬家公司後，搬家公司說因為已過時效，無法給予理賠，這樣對嗎？

A. 搬家結束後應立即檢視物品是否有損壞，若發現損害應在規定天數之內告知搬家公司。

由於大多數的家電都會裝箱，從外層不易看出是否有損傷，因此搬家結束後應盡快拆箱檢視家電、傢具是否在搬運過程中發生損壞。若發現傢具毀損，依合約上的規定天數之內告知搬家公司，一般合約是簽訂 3 日內要告知。有些破損不容易被發現，可於十天內告知。倘若超過合約內規定的期限，時間過久則難以舉證是因搬家而受損的，因此可能就無法賠償。

附錄1 設計合約

※資料來源：內政部營建署

建築物室內裝修— 設計委託契約書範本

中華民國101年6月25日內政部台內營字第1010805614號公告

契約審閱權

本契約及簽約注意事項於中華民國　年　月　日經甲方攜回審閱。
（審閱期間至少為7日）

甲方簽章：

乙方簽章：

內　政　部　編
中華民國101年6月

立契約書人——消費者：_____(以下簡稱甲方)
　　　　　　業　者：_____(以下簡稱乙方)
乙方登記證書字號或專業證照字號：_____
茲因甲方委託乙方辦理室內裝修設計，經雙方同意訂立本契約，約定條款如下：
第一條　設計案名稱：_____
第二條　設計案地點：_____
第三條　設計面積及範圍
　　　　　約_____平方公尺(約_____坪)。(以實際設計面積為準)
　　　　　□預售屋：依甲方提供之建築物平面圖(自牆內緣量測)。
　　　　　□成屋：依實測面積(自牆內緣量測)。
第四條　甲方協力事項
　　　　　甲方應提供或委託乙方協助取得建築物圖說文件（如附表一），供核對現況及規劃設計參照之用。
　　　　　本室內裝修如應向政府機關申請室內裝修許可，甲方應提供申請所需證件及用印，並配合所需一切手續。
第五條　乙方設計服務範圍及服務費用估價
　　　　　乙方設計服務範圍及服務費用估價應依下列規定辦理：
　　　　　一、乙方設計服務範圍及服務費估價如附表二。
　　　　　二、乙方之設計責任包含依法代為辦理本案室內裝修許可，及消防審查申請。但不包括使用執照（用途）變更之申請。
　　　　　三、如依甲方之指示可能使本案無法取得室內裝修許可或有違反其他相關建築法令之情形者，乙方應予告知；如未告知，應賠償甲方因此所受損害。
　　　　　四、乙方應本於善良管理人義務依據建築法第一條、第九條、第七十三條及室內裝修管理辦法等相關規定負責。
第六條　服務費用
　　　　　服務費用應依下列規定辦理：
　　　　　一、甲方應給予乙方設計服務費用共計新臺幣（以下同）_____元（含稅）。
　　　　　二、本案工程之施工，日後倘委由乙方承攬施作時，免計附表二、《階段五》之施工督導費用。
　　　　　三、依法應辦理室內裝修許可或消防審核申請，由乙方代為辦理時，如發生審查費用及相關專業簽證費用，依約應由甲方負擔者，憑據按實核銷。
　　　　　四、其他依法令應由申請人繳納之各項規費，應由甲方負擔，甲方應於乙方履約完成時結清。
第七條　服務期限及交付圖說義務
　　　　　乙方服務期限及交付圖說義務應依下列各款辦理：
　　　　　一、服務期限自中華民國____年____月____日起至中華民國____年____月____日止，共____日。乙方各階段工作期程及甲方檢視確認所需時間，由雙方協議如附表三。甲方檢視確認所需時間，應自甲方接獲乙方通知之翌日起算。如甲方無正當理由未於期間內確認並通知乙方，經乙方再定相當期限催告，如仍未確認並通知乙方者，推定完成確認程序。
　　　　　二、乙方應按雙方議定之各階段工作期限，提出設計圖說供甲方確認。甲方於設計確認期間內，以書面提出需修改之項目及內容，乙方應依甲方之指示修改設計，所需工作天數視修改項目多寡，由甲、乙雙方另行協議之，不計入原定工作期程。乙方修改後，仍應依本條約定交付甲方再行確認，至其協議修改設計期限逾期，依本契約第十三條罰則處理。
　　　　　三、代辦室內裝修送審應於中華民國____年____月____日前提出並送件。
　　　　　四、乙方應於主管建築機關發給甲方許可文件(無施工督導階段者)或合格證明(含施工督導階段者)後十日內，將許可文件、核定之室內裝修圖說及其他向主管機關申請之圖說文件或其影本交付甲方。
第八條　服務費用之付款約定
　　　　　服務費用之付款約定應依下列規定辦理：

一、本契約簽定日，甲方支付服務費用新臺幣＿＿＿＿＿＿元（含稅，最高不得逾本契約總價10%）。

二、乙方完成《階段一、二》工作經甲方確認時，得向甲方申請支付服務費用新臺幣 ＿＿元（含稅，最高不得逾本契約總價5%）。

三、乙方完成《階段三》工作時，經甲方確認時，得向甲方申請支付服務費用新臺幣＿＿元（含稅，最高不得逾本契約總價30%）。

四、乙方完成《階段四》工作經甲方確認時，得向甲方申請支付服務費用新臺幣＿＿元（含稅，最高不得逾本契約總價30%）。

五、乙方代甲方取得室內裝修許可文件經甲方確認時，得向甲方申請支付服務費用新臺幣＿＿元（含稅，最高不得逾本契約總價10%）。

六、甲方於室內裝修許可文件取得後逾6個月仍未發包施工或乙方於履約完成並於甲方取得室內裝修合格證明時，乙方得向甲方申請結清本契約所餘款項。但室內裝修合格證明無法取得非可歸責於乙方時，乙方仍得請領上述款項。

甲方應自接獲乙方請款日起＿＿日（不得少於7日）內支付服務費用，如甲方遲延給付者，乙方得請求不超過年利率百分之五遲延利息。

第九條　設計變更

經甲方書面通知乙方辦理下列變更設計項目時，乙方應配合辦理：

一、甲方於《階段三》、《階段四》檢視確定各該階段設計內容後，因變更需求，而導致乙方需重新辦理規劃設計。

二、未涵蓋於本契約內之新增或減少原服務項目及範圍。

前項變更設計服務費用依附表二估價單之單價，就各階段尚未服務完成部分，辦理設計服務費用追加減。其變更設計服務費用、支付時程及方式，由雙方另行協議定之。

乙方有下列變更設計項目時，不得向甲方要求增加工作期限及服務費：

一、規劃、設計辦理期間，因政府法令變更而導致需辦理變更設計事項者。

二、原設計圖說未符合甲方要求之功能需求或可歸責乙方因素而導致之變更設計者。

三、乙方作有利於甲方之修改且經甲方同意者。

其他不可歸責於甲、乙雙方之事由導致需變更設計時，變更設計費由雙方共同負擔。

第十條　保密協議

甲、乙雙方保證凡因本契約所知悉對方之資料及秘密決不外洩，如有違反者應賠償對方因此所生之損害。

第十一條　權利讓與及義務承擔

甲、乙雙方未經他方書面同意，不得將本契約讓與第三人。

第十二條　著作權之歸屬

除另有約定外，本契約設計圖說之著作財產屬於乙方。

甲方欲使用本設計圖說於本契約以外之工程地點或其他用途時，須經乙方書面同意。

第十三條　乙方遲延之罰則

乙方應依本契約所定之期限內完成本案之規劃設計，除不可歸責於乙方之事由外，每逾期一日按設計服務費用總價千分之一計付遲延違約金，其數額以服務費用總價百分之十為限。

違約金已達服務費用總價百分之十者，甲方得解除契約。

第十四條　契約終止之事由

甲方及乙方契約終止之事由應依下列規定辦理：

一、乙方有下列情形之一者，甲方得以書面終止契約：

　　1. 因可歸責於乙方之事由遲延第七條服務期限，收到甲方書面催告後＿＿日（不得逾15日）內乙方仍無法完成者。

　　2. 乙方未依雙方協議內容辦理，收到甲方書面催告後＿＿日（不得逾30日）內乙方仍無法修正完成者。

二、甲方有下列情形之一者，乙方得以書面終止契約：

1. 因可歸責於甲方之事由遲延給付乙方之設計服務費，收到乙方書面催告後＿＿日（不得少於15日）內甲方仍未給付者。

2. 因可歸責於甲方之事由導致各該階段進度落後達　日（不得少於30日）以上者。

第十五條　契約終止之結算

設計委託終止後，以附表二設計服務費用單價為計價基準，按下列方式結算之：

一、因第十四條第二項第二款之事由終止契約時，甲方應結算乙方已完成階段之設計服務費用予乙方。

二、因不可歸責於乙方之事由終止契約時，乙方得請領已完成各階段之設計服務費用。

第十六條　甲方任意終止契約及結算

甲方欲終止設計委託時，應即以書面通知乙方，並依第八條規定，按乙方已完成且經甲方確認之階段工作，支付服務費用。

第十七條　設計不當責任

乙方之設計服務係為符合甲方之需求，因乙方設計不當導致室內裝修無法使用造成甲方之損害，應由乙方負責賠償。

第十八條　通知送達

本契約雙方所為之通知辦理事項，以書面通知時，均依本契約所載之地址為準，如任何一方遇有地址變更時，應即以書面通知他方，其因拒收或無法送達而遭退回二次者，以最後退件日推定已依本契約受通知，雙方仍宜以簡訊（電子郵件或其他約定方式）告知他方此通知之事由。

第十九條　爭議處理

因本契約發生之爭議，雙方得於直轄市、縣（市）政府消費爭議調解委員會、鄉（鎮、市、區）公所調解或法院調解，或依下列方式擇一處理：

□除專屬管轄外，以標的物所在地之法院為第一審管轄法院。但不排除消費者保護法第四十七條或民事訴訟法第四百三十六條之九小額訴訟管轄法院之適用。

□依仲裁法規定進行仲裁。

第二十條　附件效力及契約分存

契約附件均為本契約之一部分；附件牴觸契約，以契約為準。本契約正本貳份，由雙方各執乙份為憑，並自簽約日起生效。

第二十一條　未盡事宜之處置

本契約有未盡事宜者，依相關法令及平等互惠與誠實信用原則協議之。

立委任契約書人

甲　　方：
負 責 人：
統一編號或國民身分證統一編號：
地　　址：
電　　話：

乙　　方：
負 責 人：
統一編號：
地　　址：
電　　話：

中華民國　　　　年　　　　月　　　　日

設計委託契約書 附件

■附表一 《甲方得提供或委託乙方協助取得之圖說文件》
　　　　甲方預定提供之圖說文件
　　　　□該戶之建築物所有權狀影本或買賣契約部分影本
　　　　□使用執照影本
　　　　□該戶使用執照竣工圖
　　　　□其他 _____

■附表二 《乙方設計服務範圍及服務費用估價單》　　　　　　　　　費用計算單位：新臺幣

工作階段	服務範圍內容	設計服務費用單價	備 註
《階段一》設計前服務	□提供甲方設計需求、圖面資料閱讀及整理 □現場勘察及測量、繪圖、拍照 □擬定工作預定期程 □擬定工程概算	現況調查或測繪平面、立面圖每平方公尺（m²）_____元	本階段為甲、乙雙方就本案初步溝通，並就總工程預算及進度達成初步共識。
《階段二》室內環境規劃及空間設計初步構想	就業主需求，草擬室內空間計劃，包括： □平面配置圖 □設計意象示意及說明 □透視圖（3D或手繪）_____張	□每平方公尺（m²）_____元 □透視每張_____元	乙方就甲方使用需求提出設計之初步構想，並經溝通確認其造型及風格。 透視圖建議每一個設計空間至少一張。
《階段三》空間尺度、色彩、材質具體設計	就階段二之共識，深化設計內容，包括： □平面配置圖修正 □主要牆立面或剖面圖（表現天花板及空間關係，及甲方需求之櫥櫃等基本尺寸） □天花板造型設計、直接照明及間接照明等照明計劃及燈具選用。 □地坪舖面設計 □材料使用及色彩計劃 □空調之隱藏式或外露式送風機及主機位置，依甲方提供或同意之設備資料初步與天花板造型整合設計 □依甲方同意之材料提列初工程預算	□每平方公尺（m²）_____元	乙方就甲方已確認之設計構想，發展設計案之空間，具體尺度及色彩材質落實檢討，並向甲方做明確之說明。
	擬定其他設備計劃，例如： □廚具設備 □擬由乙方設計傢俱 □擬委託乙方代為採購傢俱 □擬委託乙方建議佈置飾品	□每平方公尺（m²）_____元 □依採購之金額給予乙方採購金額之___%為計劃及提案費用	甲方得選擇是否委託乙方設計，或另行委託其他專業廠商設計，但必須由乙方整合整體功能及風格。
《階段四》細部設計及施工圖	延續階段三之工作，繪製可供發包或施工人員可依據施作之圖面： □平面配置圖（發包施工確定版本） □天花板平面圖及詳圖 □地坪平面圖及詳圖 □設計空間之各向立面圖及剖面圖 □櫥櫃等內部功能使用細節圖說與細部大樣圖 □照明、開關、插座、電話、電視及空調設計配置（不含系統設計，依業主提供之設施圖面及設備內容延伸規劃或調整） □材料及色樣樣板 □施工預定時程建議 □工程預算之編列 □施工規範及應注意事項	每平方公尺（m²）_____元	乙方發展細部圖面並繪製施工圖，施工圖主要是提供給施工廠商據以施工，並由甲方確認是否依甲方需求設計之櫥櫃等功能尺寸及材料，並提出建議之總施工費用之估價供甲方參考。

| 《階段五》施工督導 | 協助甲方發包及施工中重點督導包括：
□工程圖說說明會
□補充資料
□定期之工程檢討並重點監督（總共　　次，每次三小時）
□對於施工廠商提供之材料樣本審查
□工程變更之指示
□工程驗收 | 每平方公尺（m²）
＿＿＿＿＿元 | 重點督導由甲、乙雙方視工期長短及現場需要而訂定之。
重點督導之項目包括：
(1)現場放樣
(2)天花板高度
(3)牆體完成強度
(4)表面裝飾牌
(5)整體完工 |

◆依法代為申請室內裝修許可及消防審查（不包括涉及使用執照用途變更及增改建行為之申請），繪圖及申辦費用＿＿＿＿＿＿＿＿＿元（規費不含在內）。

◆總服務費用估算如下：

《階段一》設計前服務　　　　　＿＿＿＿元/m² ×＿＿＿＿平方公尺（m²）＝＿＿＿＿元

《階段二》室內環境規劃及　　　＿＿＿＿元/m² ×＿＿＿＿平方公尺（m²）＝＿＿＿＿元
　　　　　空間設計初步構想

《階段三》空間尺度、色彩、　　＿＿＿＿元/m² ×＿＿＿＿平方公尺（m²）＝＿＿＿＿元
　　　　　材質具體設計

《階段四》細部設計及施工圖　　＿＿＿＿元/m² ×＿＿＿＿平方公尺（m²）＝＿＿＿＿元

《階段五》施工督導　　　　　　＿＿＿＿元/m² ×＿＿＿＿平方公尺（m²）＝＿＿＿＿元

　《代辦申請室內裝修許可及消防審查》＿＿＿＿＿＿＿＿＿元

　《其他代辦申請書圖文件規費》＿＿＿＿＿＿＿＿＿元

■附表三《乙方各階段工作之期限》

　《階段一》　　　至中華民國＿＿＿＿年＿＿＿＿月＿＿＿＿日完成

　《階段二》　　　至中華民國＿＿＿＿年＿＿＿＿月＿＿＿＿日完成

　　　　　　　　　◆甲方檢視確認時間為中華民國＿＿＿＿年＿＿＿＿月＿＿＿＿日

　《階段三》　　　至中華民國＿＿＿＿年＿＿＿＿月＿＿＿＿日完成

　　　　　　　　　◆甲方檢視確認時間為中華民國＿＿＿＿年＿＿＿＿月＿＿＿＿日

　《階段四》　　　至中華民國　　年　　月　　日完成

　　　　　　　　　◆甲方檢視確認時間為中華民國＿＿＿＿年＿＿＿＿月＿＿＿＿日

　《階段五》　　　至中華民國＿＿＿＿年＿＿＿＿月＿＿＿＿日完成

　　　　　　　　　◆甲方檢視確認時間為中華民國＿＿＿＿年＿＿＿＿月＿＿＿＿日

附錄2 裝潢計畫書專家群

設計師資訊

相即設計
02-2725-1701
台北市信義區松德路6號4樓
info@xjstudio.com

禾方設計（禾方文創有限公司）
04-2652-4542
台中市龍井區遊園南路131號
havefundesign@gmail.com

明代室內設計
02-2578-8730．03-426-2563
台北市光復南路32巷21號1樓．中壢市元化路275號10樓
ming.day@msa.hinet.net

孫國斌空間設計
02-2784-9889
台北市大安區復興南路二段210巷32號4樓
vincen18sun@yahoo.com.tw

演拓空間室內設計
02-2766-2589
台北市八德路四段72巷10弄2號1F
ted@interplaydesign.net

FUGE馥閣設計
02-2325-5019
台北市建國南路一段258巷7號1樓
hello@fuge.tw

專家諮詢

新北市都市更新處處長
王玉芬

住商不動產企劃研究室主任暨發言人
徐佳馨

誠品優質搬家公司
陳經理

家事達人
楊賢英

國家圖書館出版品預行編目 (CIP) 資料

再住 20 年，老屋再生裝潢計畫書 / 漂亮家
居編輯部著 . -- 二版 . -- 臺北市：麥浩斯出
版：家庭傳媒城邦分公司發行，2017.03
面；　公分 . -- (Solution ;72X)
ISBN 978-986-408-261-2(平裝)

1. 房屋 2. 建築物維修 3. 室內設計

422.9　　　　　　　　　　　1060027039

Solution Book 72X

再住 20 年，老屋再生裝潢計畫書【暢銷更新版】

不只教你精省裝潢費，還結合房價估算，讓你靠裝潢保值的 7 大老屋必學裝修關鍵

作　　　者｜漂亮家居編輯部
責任編輯｜蔡竺玲、楊宜倩
封面設計｜林宜德
版型設計｜鄭若誼
美術設計｜詹淑娟
插　　畫｜黃雅方
行銷企劃｜呂睿穎

發 行 人｜何飛鵬
總 經 理｜李淑霞
社　　長｜林孟葦
總 編 輯｜張麗寶
叢書主編｜楊宜倩
叢書副主編｜許嘉芬

出　　版｜城邦文化事業股份有限公司 麥浩斯出版
地　　址｜104 台北市中山區民生東路二段 141 號 8 樓
電　　話｜02-2500-7578
E-mail｜cs@myhomelife.com.tw
發　　行｜英屬蓋曼群島商家庭傳媒股份有限公司城邦分公司
地　　址｜104 台北市民生東路二段 141 號 2 樓
讀者服務專線｜0800-020-299 （週一至週五 AM09:30 ～ 12:00；PM01:30 ～ PM05:00 ）
讀者服務傳真｜02-2517-0999
E-mail｜service@cite.com.tw
劃撥帳號｜1983-3516
劃撥戶名｜英屬蓋曼群島商家庭傳媒股份有限公司城邦分公司
香港發行｜城邦 (香港) 出版集團有限公司
地　　址｜香港灣仔駱克道 193 號東超商業中心 1 樓
電　　話｜852-2508-6231
傳　　真｜852-2578-9337
馬新發行｜城邦 (馬新) 出版集團 Cite (M) Sdn Bhd
地　　址｜41, Jalan Radin Anum, Bandar Baru Sri Petaling,
　　　　　57000 Kuala Lumpur, Malaysia.
電　　話｜603-9057-8822
傳　　真｜603-9057-6622
總 經 銷｜聯合發行股份有限公司
電　　話｜02-2917-8022
傳　　真｜02-2915-6275
製版印刷｜凱林彩印股份有限公司
版　　次｜2022 年 4 月二版 6 刷
定　　價｜新台幣 450 元
Printed in Taiwan